幾何公差

データムとデータム系

設定実務

部品の"基準"の設定方法

小池忠男 著

日刊工業新聞社

はしがき

　部品設計において、部品に"要求される機能"を達成するために、決定的に重要なことは、部品の"基準"が適切に指定されているか否かである。「寸法公差」中心の従来の図面でも、"寸法の基準"をどこに選んだかによって、その部品の良否を左右することから、部品の"基準"は重視されてきた。

　「幾何公差」を主体とした図面においては、"基準"を指定するということは、単純に、"ある面"または"ある中心線"を指定すればよい、という訳にはいかない。幾何公差における規制対象は、部品内に存在する様々な「形体」であり、部品の"基準"指示でも、実際に"どの形体"を選ぶかが、決定的に重要になる。

　幾何公差における"基準"は、「データム」というものであり、それは、どの「データム形体」を選び、指示するかを意味する。そして、この「データム」を2つ以上指定することによって、「データム系」が設定される。それによって部品の「データム座標系」の設定が可能となり、部品自体が正確に位置決めされる。つまり、"データムの指示"と、それによる"データム系の設定"よって、部品の"基準"が決まるのである。

　このように幾何公差を用いた部品設計において、非常に重要な「データム指示からデータム系の設定」であるが、残念なことに、それに関する国際的な規格（ISOやASMEなど）の規定内容においては、限られた説明しかなく、そこから真意を正確に理解するのはなかなか難しい。また、それに関連した参考となる書籍類も少ないというのが現状である。従って、幾何公差を使っている設計者でも、十分に自信をもって図面指示するまでに至っていないのではないだろうか。

　そのような現状を解消しようと試みたのが本書である。実際の設計実務の参考になるように、できるだけ多くの実例を取り上げ、ていねいな説明や解説をしたつもりである。また、「データムとデータム系」に関しては、いままで多くの質問をいただいているが、その中から共通して役立つと思われるものについては、事例としていくつか取り入れた。なお、巻末には「データム指示からデータム系の設定」までの基本手順を例示し、手順に沿った実作業をわかりやすく示した。

　筆者もこの「データムとデータム系」については、まだまだ確信をもって説明できない部分もいくつかあり、あえてそれらは控えさせていただいた。とはいえ、本書の記述において、不十分な点や不適切な部分があるかもしれない。そのような箇所が見つかった場合は、是非、ご指摘をお願いしたい。

　最後に、本書をつくるにあたり、原稿の段階で貴重なご意見をいただいた、亀田幸徳、花田潤也、新井規由、三瓶敦史の各氏に感謝いたします。また、出版にあたってお世話になった日刊工業新聞社出版局の方々、ほかの皆様にもお礼を申し上げます。

2023年1月　　　　　　　　　　　　　　　　　　　　小池忠男

目　次

第3章　データム形体と実用データム形体　　55

第7章 データムターゲット

第1章

データムの役割

　この章では、どのような経緯から「データム」というものが生まれたのか、従来の「寸法基準」ではどうしてダメなのか、などを説明する。部品における"基準"として、幾何公差という方式のなかで、"データム"という考え方がつくられ、その役割も明確にされてきた。それらを説明した上で、本書の中で扱う様々な「データム」の例を確認していただく。

　寸法公差を主に使って図面指示をしていた頃に、機械図面の描き方に関する書籍には、次のようなことが書かれていた。

　『寸法の記入では、品物のどこから測るのか、ということが重要です。加工方法により、また、設計上の機能を示す場所を抑える寸法として、基準の取りかたが重要になります』と。

　また、それを説明する図として、次のような図が載っていた（図1-1）。

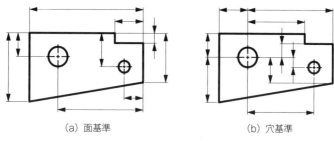

(a) 面基準　　　　　　　　　(b) 穴基準

図1-1　基準を示す寸法の入れ方の例

　さらに、寸法の基準をもっと明瞭に表す方法として、JISの機械製図などでは、**図1-2**に示すように、「基準」という言葉を使って、指示することがよいとされた。

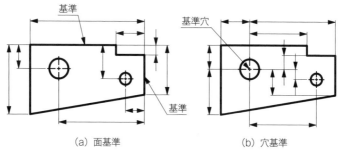

(a) 面基準　　　　　　　　　(b) 穴基準

図1-2　寸法の基準を明瞭に示す方法の例

　図1-1でも図1-2でも、部品の中にある面のどこが寸法の基準か、また、どの穴の中心が寸法の基準かなどは、一応わかる指示方法だった。

　しかし、"面基準"の場合でいえば、水平の面と垂直な面が寸法の基準であることはわかるが、どちらが主基準で従基準はどちらなのか、さらに、その基準の平面はどう設定するのか、などの要求は明らかではない。また、"穴基準"の場合でも、その穴の中心を基準にするのはわかるが、部品としての水平をど

う採るのか、などは明確ではない。

つまり、図面指示で寸法の基準は示されてはいるものの、部品のどの箇所をどのように支持して、部品の姿勢や位置をどう固定すればよいか、などの指示情報には不足があった。

これらを打開する手立てとして、幾何公差を用いた指示においては、この"基準"に"データム"という考え方を採り入れた。これにより、部品の"基準"についての指示が、より明確なものとなった。

1.2 "データム"を設定することの意味

1つひとつの部品は、それ単独で機能を果たすことは滅多にない。他の幾つかの部品と一緒になって、要求された機能を達成することになる。

例えば、**図1-3**に示すような、1つの部品Aがもう1つの部品Bと一緒になって機能するという、非常に単純な場合を想定してみる。まず、部品Aと部品Bを組立てるためには、それぞれの部品のどことどこを合わせるか（密着させるか）という、部品の"基準"の指示が必要となる。

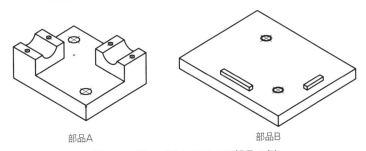

部品A　　　　　　　　　　　　　　部品B

図1-3　組立てられる2つの部品の例

図1-3に示す部品においても、その組立方法はいくつか考えられる。

その1つとして、**図1-4**に示すように、部品Aの隣り合った2つの側面Mと側面Nを、部品Bのある長さをもった凸部Kと凸部Lに接触させて、双方の位置関係を決めるという方法がある。

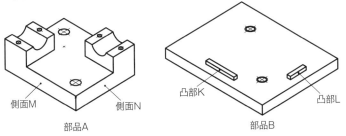

側面M　　　　側面N　　　凸部K　　　　　　凸部L

部品A　　　　　　　　　　　　　部品B

図1-4　位置を合わせる場所（その1）

それとは別に、**図1-5**に示すように、部品Aにある2つの円筒穴Rと円筒穴S、部品Bにある2つのねじ穴Pとねじ穴Tとによって、"ねじ締結"して双方の位置関係を決める、という方法もある[注]。

> (注) 円筒穴とねじ穴の組合せで、その位置を確保するとき、通常のねじを用いての締結では、十分な精度が保証できない場合がある。"段付きねじ"等を用いて締結するなどの配慮が必要となる。

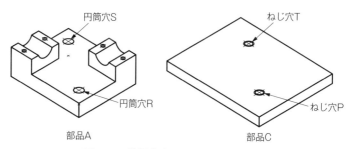

円筒穴S　　　　　　　　　　ねじ穴T

円筒穴R　　　　　　　　　　ねじ穴P

部品A　　　　　　　　　　部品C

図1-5　位置を合わせる場所（その2）

双方の位置関係を決める方法を、（その1）にするか、（その2）にするかによって、部品A、部品Bのそれぞれの図面指示の仕方は変わってくる。設計者は、まず最初に、どの方法を採るか決めなければならない。

例えば、方法（その1）の場合は、部品Aは、相手部品Bとの関係で、自身の部品としての"基準"として、側面Mと側面Nを指定しなければならない。もちろん、部品Aは部品Bの広い表面に置くわけだから、自身のそれに相当する底面も"基準"にすることになる。

一方、方法（その2）の場合は、2つの円筒穴と2つのねじ穴を、それぞれ"ねじ止め"して部品の位置を決めるので、まず、きちんと"はまり合う関係"を確保し、それらを"基準"として、部品の他の部分の位置を出すという指示をする必要がある。

以上の説明において、"基準"として述べたところが、幾何公差を用いた図面指示における"データム"というものを表している。

この"基準"、つまり"データム"の指定の仕方いかんによって、図面指示が変わってくることはもちろんだが、部品の機能にも大きく影響する場合が出てくる。このことからも、部品にとっての"データム"の役割が大きいことが理解できるだろう。

データムの役割として、まず、組み立てられる相手部品との位置関係を規定する、という役割が第1にあることがわかる。

次に、部品A自体について、さらに少し詳しく見てみよう。

ここでは、部品Aの"基準"の採り方を、方法（その1）として以下に説明する。**図1-6**の部品図から想像するに、部品上部に円筒状のものを支持する箇

所であろう2つの部分（部分Eと部分F）がある。

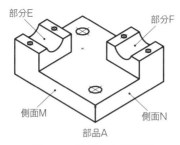

図1-6　部品Aの基準例

　この半円筒がどれだけの精度の形状であればよいか、その中心の位置と姿勢の精度はどの程度でよいかなどを検討する必要がある。特に、位置偏差、姿勢偏差に関しては、どこを基準としてその精度を出すのかが、図面指示情報として必要である。この"基準"にとっても、"データム"の指定が必要である。この部品でいえば、関連部品との基準を、側面Mと側面Nとしているので、2つの円筒穴に対しても、通常であれば、これが"基準"となって規制することになる。その方法を設計者は理解していなければならない（図1-7参照）。

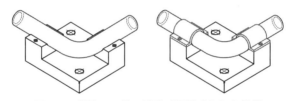

図1-7　部品Aに他の部品が組付けられた状態

　この部品として、次に大事なことは、部品製作に際して、部品のどこを主基準、従基準として加工を進めればよいのか、部品材料をどのように固定して加工を行えばよいのか、が判断できる図面指示にすることである。

　さらには、製作し終わった部品に対して、部品の検査における合否判定のための測定のために、どこを重要視して、それを損なわない部品の支持や固定が必要なのかの情報が、指示した図面情報の中になければならない。

　これらをまとめると、この部品Aの場合だけでなく、部品一般について、次の事項が、部品における"基準"、つまり"データム"が果たす役割であるといえよう。

①部品に求められる機能を発揮するための基準の役割
②組立において相手部品との相互関係を決定するための基準の役割

③加工に際して部品の固定をどこにすべきかを示す基準の役割
④検査において部品をどのように支持すべきかを示す基準の役割

1.3 様々な部品に対して設定されるデータムの例

ここでは、いくつかのデータムの例を示す。おおよそ、どのぐらいのデータム指示のパターンがあるかを確認してほしい。そのうちのいくつかは、本書の中で詳しく扱っている。

(注) 本書では、図面での指示方法として推奨する図面指示例を"枠付き"の図とし、その他の図は、設計意図などを含め説明のための図としている。

1.3.1　第1次データム：平面、第2次データム：平面、第3次データム：平面

多くの部品の中で、第1次データムから第3次データムまで、3つのデータムがすべて「平面」というケースが最もよくあるパターンであろう。

次に示す図1-8は代表的なもので、機械加工部品ではよく見られるケースである。部品の最も広い大きな表面を、第1次データムとして指示するものである（3.1.1節参照）。

図1-9は、3つのデータムがともに「平面」ではあるが、その中の2つの表面には突起物があるケースである。このような場合のデータムの設定がどうなるか、がポイントである（7.2.4節参照）。

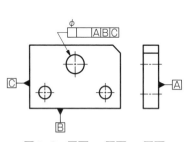

図1-8　平面 ― 平面 ― 平面

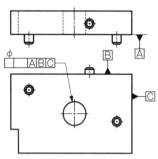

図1-9　平面 ― 平面 ― 平面
（2つの表面に突起物あり）

次のものは、3つのデータムがともに平面であることには変わりないが、1つは、2つの離れた表面を単一のデータムに設定するもの、もう1つは、中心平面をデータムに設定するものである。

図1-10は、第1次データムに特徴があって、2つの離れた表面を第1次データムに設定するケースである（6.2.2節参照）。

　図1-11は、球の中心点を規制する場合の指示で、第3次データムがデータム中心平面Cとなっているものである。

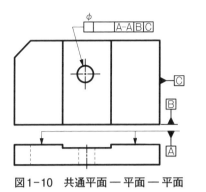

図1-10　共通平面 — 平面 — 平面

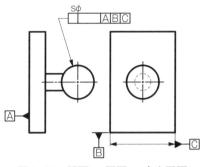

図1-11　平面 — 平面 — 中心平面

1.3.2　第1次データム：平面、第2次データム：軸直線、第3次データム：軸直線

　こちらは、第1次データムはどちらも平面であるが、第2次、第3次のデータムがいずれも直線（軸直線）であるケースである。

　図1-12は、第2次データムと第3次データムが1つの水平線（面）上に配置されているデータム設定である（2.3.2節、3.1.2節参照）。

　図1-13は、第2次データムと第3次データムが1つの水平線（面）上に配置されておらず、第3次データムの軸直線が水平から上方の片側にオフセットした位置にあるケースである（2.3.3節、4.3節参照）。

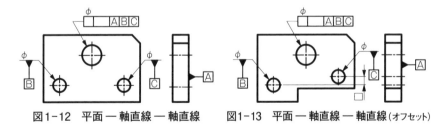

図1-12　平面 — 軸直線 — 軸直線　　　図1-13　平面 — 軸直線 — 軸直線（オフセット）

　図1-14は、第1次データムが同じ位置に離れてある2つの平面である。第2次、第3次データムは、ともに、ある高さの凸状の円筒部（エンボス）の軸直線をデータムに設定するものである。

　この部品の特徴としては、2つの平面Aの表面に、それぞれ凸部が存在することである。表面の一部に凸部があるという点では、先の図1-9に似たものである。この突起があることによって、単純に、その面の全体をデータム平面に指示することは適切ではない。このような場合、それに対応したデータム指示

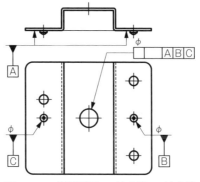

図1-14　共通平面 ― 軸直線 ― 軸直線

が必要となる（7.2.4節参照）。

1.3.3　第1次データム：平面、第2次データム：軸直線、第3次データム：平面

　これは、第1次データムと第3次データムは平面であるが、第2次データムが軸直線のケースである。

　図1-15は、部品形状としては、先の図1-13と同じであるが、第3次データムに設定されているのが、第2次データムの軸直線から片側にオフセットした位置にある表面を、第3次データム平面としているケースである（2.3.3節参照）。

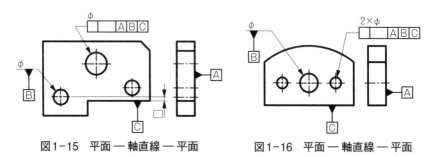

図1-15　平面 ― 軸直線 ― 平面　　　　図1-16　平面 ― 軸直線 ― 平面

　図1-16は、部品下部の底面全体を、第3次データム平面として設定しているケースである。この場合のデータムの指定とデータム系の設定までについては、第3章で詳しく説明する（3.1.3節参照）。

　次の**図1-17**は、図1-15と同類のもので、先のものも第3次のデータムが平面ではあるが、こちらは"データム中心平面"となっているものである（2.3.3節参照）。

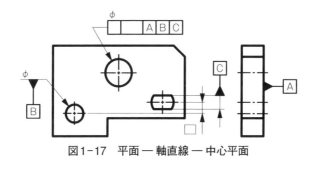

図1-17　平面 ― 軸直線 ― 中心平面

1.3.4　第1次データム：平面、第2次データム：共通軸直線

　こちらは、第1次データムは平面であるが、第2次データムが軸直線のケースである。

　図1-18は、第2次データムとして、2つの平行に配置した2つの軸線をデータムに設定するもので、"共通データム軸直線B-B"となる。この場合の特徴としては、第2次データムまでのデータム設定で、データム系（三平面データム系）が完成していることである（6.3.1節参照）。

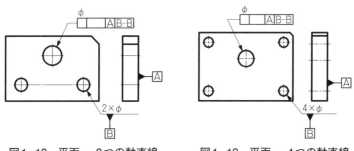

図1-18　平面 ― 2つの軸直線　　　図1-19　平面 ― 4つの軸直線

　図1-19は、第2次データムとして、部品の四隅にある4つの軸直線をデータムに設定するもので、"共通データム軸直線B-B"となる。この場合も、第2次データムまでのデータム設定で、データム系（三平面データム系）が完成しているのが特徴である（6.3.2節参照）。

1.3.5　第1次データム：共通平面、第2次データム：軸直線、第3次　　　　データム：中心平面

　これは、第1次データムと第3次データムは平面（共通平面と中心平面）であるが、第2次データムが軸直線のケースである。

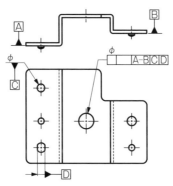

図1-20　2つの平面 ― 中心平面 ― 軸直線

　図1-20では、第1次データムは、位置が異なる2つの表面を1つの共通平面としてデータム平面を設定するもので、離れている2つの表面を同じ位置とする先の図1-14とは異なる。しかし、段差のある2つのデータム平面Aとデータム平面Bの表面には、それぞれ突起物が存在する点では、図1-14とは同じである。この存在によって、それに対応した適切なデータム指示が必要となる（6.2.2節参照）。

　次の図1-21に示す部品も、第1次データムが共通データム平面、第2次データムが軸直線、第3次データムが中心平面の例である。

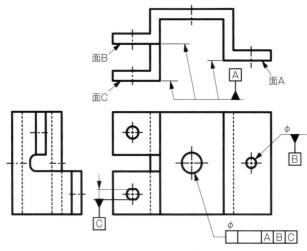

図1-21　3つの平面 ― 軸直線 ― 中心平面

　この場合の第1次データムは、ある距離だけそれぞれ離れて存在する、互いに平行な3つの平面から設定するものである。それぞれをデータムA、B、Cとして共通データムA-B-Cとしてもよいのだが、ここでは、共通データムA-A

と指定することを意図している。このデータム形体に対する図面指示も、基本的には、先の図1-20と同じである（3.2節参照）。

1.3.6　第1次、第2次、第3次データムのすべてが中心平面

　ケースとしては少ないと思われるが、3つのデータム形体が"平行二平面"であり、データムがその"中心平面"という場合がある。その例としては、図1-22のようなものである。

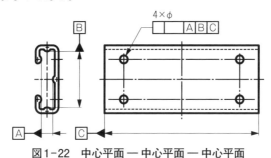

図1-22　中心平面 ― 中心平面 ― 中心平面

　データムAに指定した形体は、3つの形体の直線要素によって設定される平行二平面であり、その中心平面がデータムAである。また、データムBに指定した形体は、"2つの形体の直線要素によって設定される平行二平面"であり、こちらもその"中心平面"がデータムBである。これらは通常の"サイズ形体"の仲間には入らないものであるが、このように対向する平行二平面（幅）をデータム形体として扱うものである（4.4節参照）。

　（注）ASME規格においては、通常の"サイズ形体"を"規則的なサイズ形体"（Regular feature of size）といい、図1-22に示す形体については、"不規則なサイズ形体"（Irregular feature of size）と呼んでいる。いずれも、基本的には、"サイズ形体"（Feature of size））として扱っている。

1.3.7　第1次データム：共通軸直線、第2次データム：平面、第3次データム：平面

　いままでのものは、すべて第1次データムを平面とするケースであったが、こちらは、第1次データムを軸直線にしたものである。特に、図1-23は、その軸直線を同軸上の2つの円筒形体の軸線の共通軸直線として、"共通データム軸直線A-A"を構成するものである。

　この場合の指示のポイントは、第1次データムに指定している同軸上にある2つの円筒穴に対しての幾何公差指示と、それを共通データムとする指示、である（2.4.1節参照）。

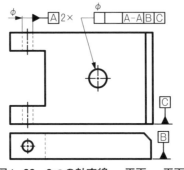

図1-23 2つの軸直線 ― 平面 ― 平面

1.3.8 第1次データム：共通軸直線、第2次データム：軸直線、第3次データム：平面

こちらの**図1-24**は、第1次データムとして、同軸上に離れてある2つの軸直線を "共通データム軸直線A-A" とし、第2次データムには軸直線Bを、第3次データムCには平面を設定するものである。

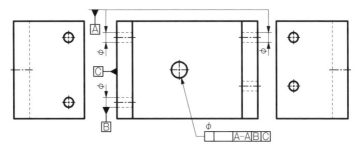

図1-24 （同軸上の2つの軸線による）共通軸直線 ― 軸直線 ― 平面

第1次データムを同軸上の2つの円筒穴に指定している点では、先の図1-23と同じであるが、第2次データムとして、その共通軸直線と平行な関係にある軸直線Bを指定しているところに違いがある（2.4.2節参照）。

1.3.9 第1次データム：軸直線、第2次データム：平面

こちらも、第1次データムには軸直線を設定するものである。**図1-25**の指示が行われた場合、一般には、第1次のデータム形体に指定された円筒形体は、**図1-26**に示すように、Vブロックや三爪チャックなどで部品を支持して検証することが想定されるものである。そのような場合の適切な図面指示が、どのようなものになるのかが課題となる（7.3.2節参照）。

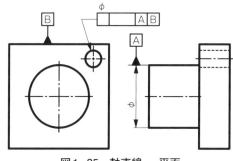

図1-25　軸直線 ― 平面

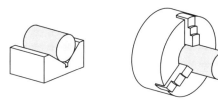

図1-26　Vブロックと三爪チャックによる部品固定例

1.3.10　円筒形部品におけるデータム系

1）第1次データム：平面、第2次データム：軸直線

　円筒形の部品でも、軸方向の長さが短い場合などは、第1次データムとして平面を指定することがある。その典型的なものが、**図1-27**のような部品である。データムBで指定しているデータム軸直線Bに関して、規制形体は点対称に配置されている（2.3.4節参照）。

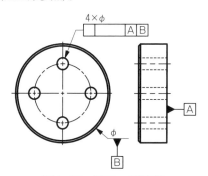

図1-27　平面 ― 軸直線

2）第1次データム：軸直線、第2次、第3次データム：平面

　第1次データムとしてデータム軸直線Aを指定し、第2次データムにはデータム平面Bを、第3次データムとしてデータム中心平面Cを指定することがあ

る。先の図1-27とは違って、第1次データムの軸直線Aに対して、姿勢を規制したい場合である。その例が**図1-28**である（2.4.3節参照）。

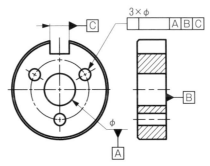

図1-28　軸直線 ― 平面 ― 中心平面

3）第1次データム：共通軸直線

　ローラなど回転体の部品の場合、ごく一般に設定されるデータム系の例が、**図1-29**に示すものである。

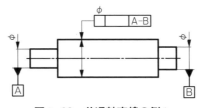

図1-29　共通軸直線の例1

　データムAとデータムBは、同軸上にあるものの、それぞれの直径は異なるものである。これにどのような幾何公差指示をして、"共通データム軸直線A–B"を設定するのかがポイントとなる（6.2節参照）。

　第1次データムとして、共通軸直線をデータムに設定する場合でも、単純な指示では設計意図が表せない場合がある。その例としては、**図1-30**のような部品がある。部品両端の円すい形体をデータムに設定したい場合である（7.3.3節参照）。
　また、同じ軸部品でも、**図1-31**に示すように、両側の円筒形体の指定範囲をデータムの限定領域として、"共通データム軸直線A–B"を設定したいというものがある（7.3.2節参照）。

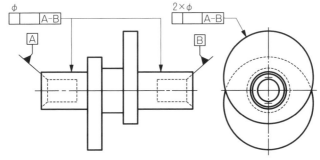

図1-30　共通軸直線の例2

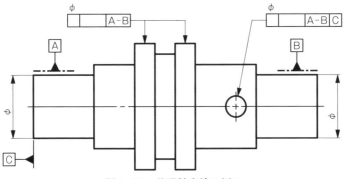

図1-31　共通軸直線の例3

1.3.11　成形品など"抜き勾配"をもつ部品におけるデータム系

　射出成形品など"抜き勾配"を有する部品に対するデータム系の設定には、それなりの工夫が必要である。一般的には、抜き勾配の表面をデータムに設定することは避けることが多いが、ここでは、あえて抜き勾配の付いた表面をデータムに設定する指示方法について検討する。その部品例としては、**図1-32**のようなものを想定する。

　これは、部品表面をデータムに設定し、その特定箇所を指定してデータムターゲットとする方法であるが、第7章において詳しく説明する（7.2.4節、7.3.2節参照）。

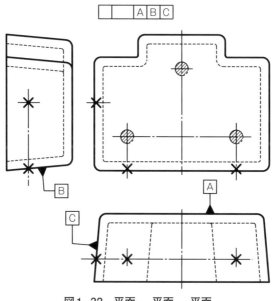

図1-32　平面 ― 平面 ― 平面

1.3.12　第1次データムが曲面形体であるデータム系

　場合によっては、部品の第1次データムに設定したい形体が、曲面の場合も
ある。そのような場合は、それなりの特別な図面指示が要求される。
　その1例を、**図1-33**に示す。この場合の曲面は、半径をある値のTEDとす
る円弧面である。

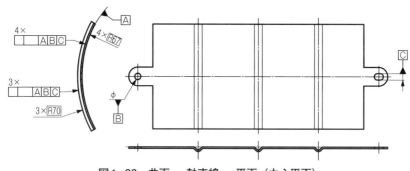

図1-33　曲面 ― 軸直線 ― 平面（中心平面）

　第1次のデータム曲面に対して、第2次、第3次データムとして指示した形体
が、部品を支持する場合の位置と姿勢の拘束を補助する役目をもっている
（7.2.5節参照）。
　同じく第1次データムとして曲面を選ぶ場合の例を、**図1-34**に示す。

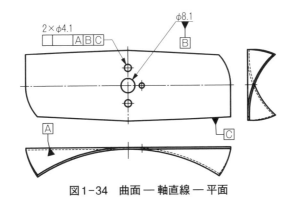

図1-34　曲面 ― 軸直線 ― 平面

　この場合の第1次データムAの面は、半分ほどは平面であるが、対称の位置に、反った部分は曲面となっている。つまり、平面と曲面が混在した表面をデータム形体とする部品である。また、第3次データムCとしているのは、板部品の端面（平面）をデータム形体とするものである。このような場合のデータム指示は、それなりの図面指示が必要になってくる。このように、曲面にデータムを設定する場合の図面指示方法については、第7章で詳しく説明する（7.2.5節参照）。

1.3.13　ねじ部品におけるデータム系の設定

　部品のねじ部をデータムに指定する場合、単なる円筒軸とは異なる、ねじ特有の図面指示が必要である。

1）おねじの場合

　これは、**図1-35**のように、部品の右端の“おねじ部”が第1次データムに指定されている例である（2.4.4節参照）。

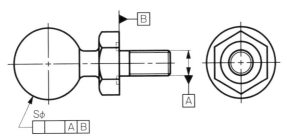

図1-35　軸直線 ― 平面

2) めねじの場合

こちらは、**図1-36**のように、部品の左側に"めねじ部"があり、それを第2次データムとして指定する例である (2.3.5節参照)。

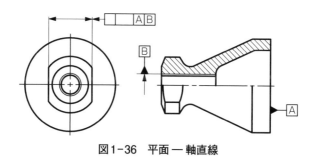

図1-36 平面 ― 軸直線

1.3.14 1つのデータム系では規制できないと思われる部品

1つのデータム系では規制できない典型的な例は、**図1-37**に示すような、主たる面にいくつかの規制すべき形体があり、その面とある角度をもった傾斜面にも規制すべき形体がいくつかある部品である。

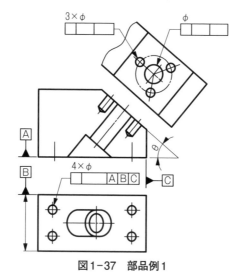

図1-37 部品例1

主となるデータム系は、|A|B|C| である。角度θの傾斜面に1つのやや大きい円筒穴とその回りに3つの不貫通穴が存在する。これらに対しての適切な幾何公差指示とはどのようなものかがポイントである (2.5.1節参照)。

別の例としては、同じ面に存在する規制形体であるものの、別のある形体、

あるいは、1つのパターンを構成する複数形体に対しては、部品の主たる基準とは別な基準にしたいというケースがある。その例としては、**図1-38**のようなものがある。

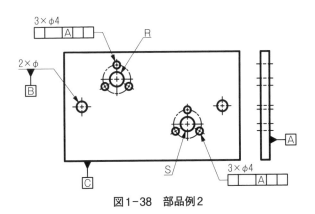

図1-38　部品例2

　部品内にある2つの円筒穴（記号RとSで示す）は、部品の主たるデータム系を用いて規制するものの、円筒穴Rや円筒穴Sの回りのそれぞれ3つの穴については、その中心の穴を基準に規制したい。その場合の指示方法はどのようにすればよいかである（2.5.2節参照）。

　次の例は、**図1-39**のように、部品内にある2つの円筒穴があるということでは、先の図1-38と同じであるが、それぞれの円筒穴の基準を変えたいという設計要求の場合である。

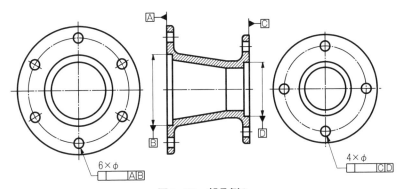

図1-39　部品例3

　この部品の場合、データムAで指示した面と、データムCで指示した面の、それぞれに接して組付けられる相手部品は、別部品であるのが普通である。それを前提にした図面指示が要求されるものである（2.5.2節参照）。

1.3.15 部品の加工状態に応じた適切なデータム設定

鋳物部品に代表されるように、鋳型から取り出した後の機械加工に対しての図面指示方法、そして、2次的な機械加工に際しての図面指示方法などは、それぞれの段階に応じて適切な図面指示が求められる。

そのような部品として、**図1-40**に示す部品について検討する。

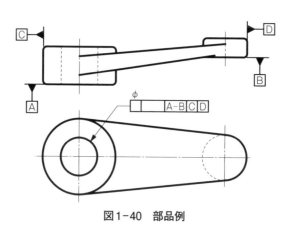

図1-40　部品例

この図1-40から設計意図を読み取ると、第1次データムとしては、データム平面Aと段差のあるデータム平面Bを"共通データム平面A-B"とし、第2次データムCは、部品左側の大きな円筒の外形に設定し、第3次データムDは、部品右側の小さな円筒の外形に設定したいということである。その上で、部品左の円筒内の1つの円筒穴を所定の位置公差に規制したいと想定できる（7.3.3節参照）。

第2章

データ系
（三平面データ系）

　この章では、「データム」とは何かを説明し、その指定に
よって生まれるのが「データム系」であることを明らかにする。
加工物や部品は、この3次元空間の中で、何の制約もなければ、
自由勝手に動き回ることができる。しかし、それらは、最初の
加工の段階から、検査を経て組立てに至る過程のいずれにおい
ても、部品のどこを基準として固定するかが必要である。その
指示方法や解釈について説明する。

"データム" について

「データム系」を理解するためには、まず、「データム」とは何かを明確にする必要がある。基本的なことだが、「データム」を正確に理解するためには、（巻末〈付録〉の）図表1で示すように、加工で出来上がった部品の実際の表面を表す「データム形体」と、部品を実際に支持する精度のよい「実用データム形体」との関係を、正確に理解する必要がある。

　まずは、「データム形体」と「データム」の関係を、比較的多く用いられる「形体」で示すと、**図2-1**のようになる。「データム形体」は、"部品上の実際に存在する表面自体"である。しかし、「データム」は、その実際に存在するものを測定することによって、想定できる"形状偏差の全くない理想形体"である。

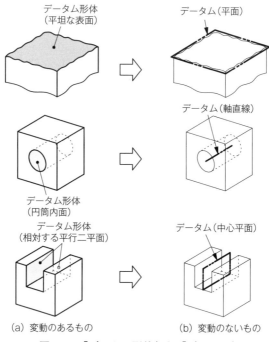

データム形体
（平坦な表面）

データム（平面）

データム形体
（円筒内面）

データム（軸直線）

データム形体
（相対する平行二平面）

データム（中心平面）

（a）変動のあるもの　　　　　　　（b）変動のないもの

図2-1　「データム形体」と「データム」

　では、最も頻繁に使用される「データム平面」と「データム軸直線」を手始めに、詳しく見ていくことにしよう。

2.1.1 データム平面

「データム平面」について、**図2-2**で説明する。

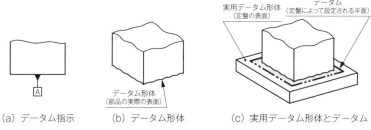

（a）データム指示　　　（b）データム形体　　　（c）実用データム形体とデータム

図2-2　データム平面

　図面指示を図(a)のようにした場合、図(b)で見るように、対象の部品の下の実際の表面全体が「データム形体」である。これは、何らかの変動をもつ表面である。この部品の「データム形体」である表面を、実際に接触して受ける表面が「実用データム形体」である。この表面は、十分な精度で「データム形体」を評価できる程度の一定の変動（形状偏差）をもった表面である。この場合、具体的には、定盤（精密定盤）などが、一般に使用される。

　一般的な説明としては、『"データム形体"に"実用データム形体"を最大接触させて、"データム"つまり"データム平面"が設定される』となる。「データム形体」と「実用データム形体」の双方の平面度の程度は大きく異なるものの、何がしかの変動（形状偏差）をもっている。

　したがって、実際の接触は、「データム形体」の表面の最も高い3点によって行われる。この3点を通ると想定される"理想的平面がデータム"である。この"データム形体"に"実用データム形体"を最大接触させた状態で"データム"を定義する方法は、データムを設定する際の基本である。

　「データム形体」と「実用データム形体」、それに「データム」の3つの要素の関係は、**図2-3**のように表すことができる。

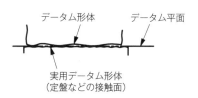

図2-3　3つの要素の関係

　この3つの要素の関係を、もう少し詳しく見てみよう。

　「データム形体」と「実用データム形体」、それに対する「データム」との関係を、もう少し詳しく図示すると、**図2-4**のようになる。1つの見方として、

"物理的な存在"と"理論的な存在"とに分けて考える。対象の部品側の「データム形体」〔図の(a)〕も、測定側の部材である「実用データム形体」〔図の(d)〕も、"実在する物"である。それらは、一定の変動をもっている。

そこに、"理想的な平面"をもった平面形体〔図の(c)〕を想定する〔※これをASME規格では、"真の幾何対応物"（True geometric counterpart）としている〕。この理想平面が、対象の部品の「データム形体」とした表面に接触する。接触したときの"真の幾何対応物"の表面が「データム」である。この「真の幾何対応物」と「データム」の2つは、理論上の存在である。したがって、目で見ることはできない存在であり、全く想像上での存在であることを意識しないと、なかなか理解が難しい。

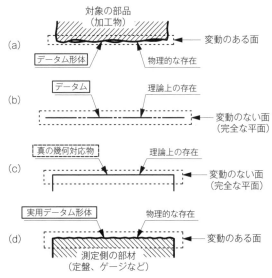

図2-4　データム形体、データム、実用データム形体の関係

つまり、「データム」あるいは「データム系」を考えるときは、常に、「理想形体（完全形体）」を念頭に置かなければならない。これは「データム」に限ったことではなく、"幾何公差方式"全体における考え方においても、また、"公差域という領域"を考える上でも、同様なことがいえる。

2.1.2　データム軸直線

次に、"円筒穴"あるいは"円筒軸"における「データム軸直線」について、**図2-5**で説明しよう。軸直線は、いうまでもなく「誘導形体」であるから、そのもととなる「外殻形体」がある。それらと合わせての理解が欠かせない[(注)]。

（注）円筒軸を部品例とすれば、円筒外形が「外殻形体」である。その円筒の外形を測定し

た結果、求められる"中心線"が軸線であり、測定して得られるものであるところから「誘導形体」と呼ばれている（後にある図2-6、図2-10を参照のこと）。

「データム軸直線」を指定するために、図面で図2-5の(a)のように指示した場合、図(b)で見るように、対象の部品の円筒穴の周面全体が「データム形体」である。これは、ある大きさの変動をもつ表面である。この部品の表面と実際に接触して、支持する円筒面が「実用データム形体」である。この表面も、データム形体ほどではないが、一定の変動（形状偏差）をもった円筒面である。この円筒面が、その直径を拡大しながらデータム形体の周面に最大接触する実体が、「実用データム形体」である。

この「実用データム形体」の円筒形の中心線が「データム」であり、この場合は「データム軸直線」と呼ばれる。ここにおいても、「データム形体」と「実用データム形体」は、実在する物理的な存在であり、目で見ることもでき、触ることもできる存在である。しかし、「データム軸直線」は、見ることも触ることもできない「理論上の存在」である。この場合も、データムを設定する具体的な手段としては、直径が自在に拡張できる構造にした、軸状の部品やマンドレルというものを使用することになる。

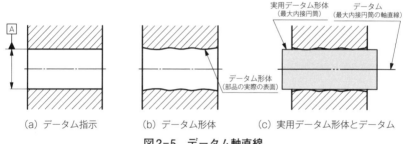

(a) データム指示　　　(b) データム形体　　　(c) 実用データム形体とデータム

図2-5　データム軸直線

円筒形体において、「データム形体」から「データム軸直線」をどのように設定するかは、ISO規格の中で、図例によって説明されている。その図で説明されている内容を、少しわかりやすくしたものが、**図2-6**である。

この図2-6で、物理的に存在するものは、図の(b)に示すものだけで、他は、図示した形状や、測定したデータ、また、それをもとに「当てはめた」ものである。つまり、それは理論的な存在である。図(d)は、測定データに対して、一定の基準のもとに、明らかに測定ミスと思われるデータを取り除いたり、修正を加えたりすることを表している。図の(e)では、そのデータに対して、所定の判定基準と計算方法によって理想的な形状、完全な円筒形を確定させる。それを「当てはめ」（association）といい、その完全な円筒形（外殻形体）から、さらに「当てはめた」ものが"中心線"であり、"軸直線"（誘導形体）である。用語でいえば「当てはめ誘導形体」となる。

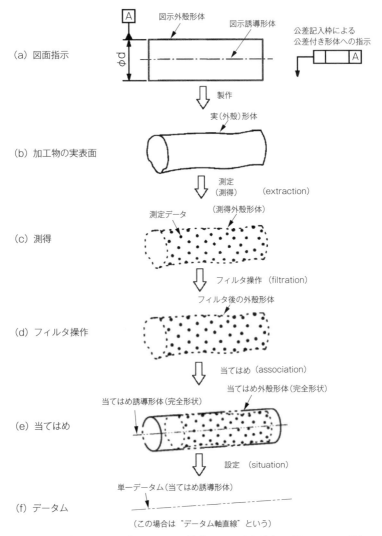

(a) 図面指示

図示外殻形体 図示誘導形体

公差記入枠による
公差付き形体への指示

製作

実(外殻)形体

(b) 加工物の実表面

測定
(測得)　　(extraction)

測定データ　　(測得外殻形体)

(c) 測得

フィルタ操作　(filtration)

フィルタ後の外殻形体

(d) フィルタ操作

当てはめ　(association)

当てはめ誘導形体(完全形状)　　当てはめ外殻形体(完全形状)

(e) 当てはめ

設定　(situation)

単一データム(当てはめ誘導形体)

(f) データム

(この場合は"データム軸直線"という)

図2-6 「データム形体」指示から「データム軸直線」を得るまでの過程

　幾何公差の本来の定義からすると、「データム形体」としている円筒軸の「当てはめ形体」は、「完全形状の最小外接円筒」でなければならない。ところが、測定データの処理という点では、この「当てはめ形体」が、「最小二乗円筒」であることが多い。この「最小二乗円筒」は、円筒軸の実体の内部に入り込んだ形になり、「外殻形体の表面に最大接触させてデータムを設定する」という基本とは異なってくる。これに近づけるには、少なくもこの円筒の実体の最も外側を代表する測定データまでオフセットした、"最小外接円筒により近い円筒形状"を求めることが必要である。

2.1.3 データム中心平面

「データム中心平面」は、先の“データム軸直線”と同様に、「誘導形体」である。したがって、そのもととなる「外殻形体」である“平行に構成された対向する2つの平面”について見ていかなければならない。

その前に、「外側形体」と「内側形体」について、少し説明しておく。

図2-7に示すように、“実体の内部の方向に対向する形体がある場合”が「外側形体」であり、“実体の外部の方向に対向する形体がある場合”が「内側形体」である。図からもわかるように、部品の「はめあい」において、「外側形体」であるか、「内側形体」であるかによって、指示する要件が変わるので、その意味で、この用語は重要である。

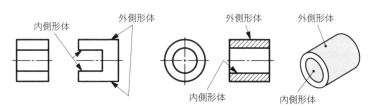

図2-7　外側形体と内側形体の例

1）外側形体としてのデータム中心平面

図2-8の図(a)に示す図面指示があった場合、理論的に考えられる状態を表したものが図(b)である。互いに平行関係を保つ理想平面が、対象の部品の2つの表面を挟む。部品表面に接触しながら、その2つの平面の距離が最小になった状態が、「データム中心平面」を設定できた状態である。これは理論上の話である。

これに対して、平坦な表面をもつ実際の一対の部材（これが、この場合の「実用データム形体」）で、対象の部品の2つの表面を挟んだのが、図(c)である。

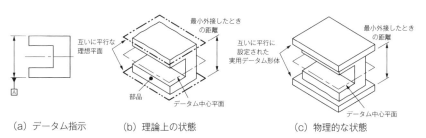

（a）データム指示　　　（b）理論上の状態　　　（c）物理的な状態
図2-8　データム中心平面（外側形体による）

この場合にも、その部材（実用データム形体）の表面は、互いに平行関係を保ちながらその距離を狭め、最大接触することにより、平行二平面間の距離は最小になる（これを一般に「最小外接」という）。この平行二平面の中央に想定されるのが「データム」であり、「データム中心平面」である。

2）内側形体としてのデータム中心平面

「データム中心平面」のもう1つのケースが、部品の対向する平行二平面が内側形体の場合である。その図面指示から設定されるデータム中心平面の状態を示したのが、**図2-9**である。

外側形体の場合との違いは、こちらの場合は、データム形体に接触する互いに平行な平面が、その距離を最大限に大きくしながら、"最大内接"することである。最大内接した2つの「実用データム形体」の中央に想定されるのが、この場合の「データム」である「データム中心平面」である。

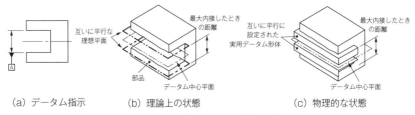

（a）データム指示　　　（b）理論上の状態　　　　（c）物理的な状態

図2-9　データム中心平面（内側形体による）

外側形体のデータム中心平面にしろ、内側形体のデータム中心平面にしても、このように物理的な一対の"実用データム形体"によるデータム（データム中心平面）の設定もあるが、先の図2-6の説明でも触れたように、データム形体を直接に測定して、そこで得られたデータをもとに、"データム中心平面"を当てはめることも行われる。こちらの場合は、それぞれのデータム形体の測定データから最小二乗平面を想定し、そこから中心平面を当てはめることを行っても、先の外殻形体の表面をデータムにする場合（図2-2）とは異なり、そのデータム設定による実際上の不具合は少ないといえよう（3.1.4節参照）。

【補足】 各種「形体」に関する相互関係（JIS）

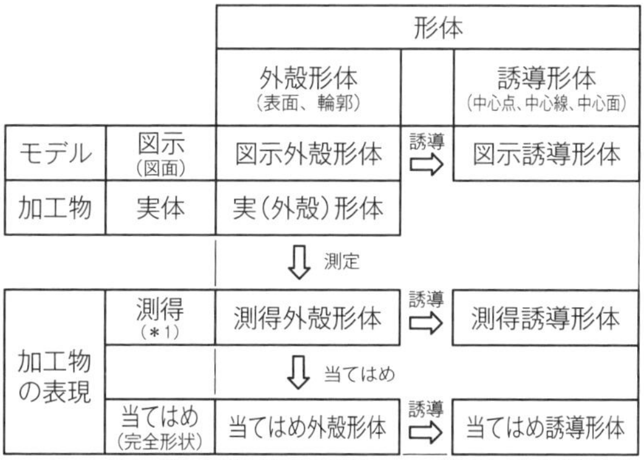

		形体			
		外殻形体 （表面、輪郭）		誘導形体 （中心点、中心線、中心面）	
モデル	図示 （図面）	図示外殻形体	誘導 ⇨	図示誘導形体	
加工物	実体	実（外殻）形体			
		⇩ 測定			
加工物 の表現	測得 （＊1）	測得外殻形体	誘導 ⇨	測得誘導形体	
		⇩ 当てはめ			
	当てはめ （完全形状）	当てはめ外殻形体	誘導 ⇨	当てはめ誘導形体	

（＊1：形体の有限点による表現）　　　（参考：JIS B 0672-1）

図2-10　各種「形体」の相互関係

　この**図2-10**からいえる大事なことの1つは、"中心面"や"中心線"（軸線）などの「測得誘導形体」は、実物を測定して得られたデータが表す「測得外殻形体」から導かれるものであり、また、「測得外殻形体」に"当てはめ"を行って得られる「当てはめ外殻形体」から導くものが「当てはめ誘導形体」であることである。「測得誘導形体」から「当てはめ誘導形体」を求めるものでない、ということに注目してほしい。

2.2.1 6自由度とは

第1次データムの指定と、最低でも、第2次データムまでの指定によって、データム系の設定が終わることがある。しかし、第3次データムまで指定してデータム系をつくるのが一般的なので、それを前提にデータム系を説明する。

まず、部品例としては、前章でも扱った部品Aを例に説明していこう。

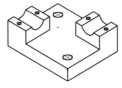

図2-11　部品A

この部品Aに対する図面指示が、**図2-12**のようなものだとする。

第1次データムAは下面図で下側の面である。第2次データムBは正面図で上側の面であり、第3次データムCは正面図の左側の面である。それによって、部品内にある2つの直径8.1の円筒穴に対して幾何公差指示がされている。

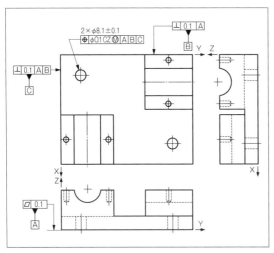
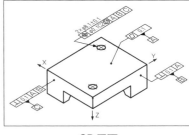

2D図面　　　　　　　　　　　　　　　3D図面

図2-12　部品Aの図面指示例（2D図面と3D図面）

このように図面指示されたとき、設定されるデータム系はどうなっていて、部品のもっている6自由度がどのように拘束されるかを、次の**図2-13**で見てみよう。

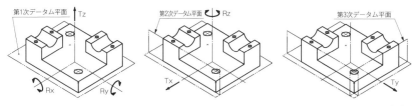

（ⅰ）第1次データムによる拘束　　（ⅱ）第2次データムによる拘束　　（ⅲ）第3次データムによる拘束

図2-13　部品において6自由度が拘束される過程

　図（ⅰ）で、部品Aは"第1次データム平面"に置かれることにより、面の垂直方向の並進（移動）の自由度1つ、面に沿って直交する2つの軸回りの回転の自由度2つが拘束される。図（ⅱ）では、第1次データム平面に直角な"第2次データム平面"に接触させることによって、第2次データム平面に垂直な方向の並進（移動）の自由度1つ、第1次データム平面に垂直な軸線回りの回転の自由度1つが拘束される。最後に、第1次と第2次のデータム平面に直交する"第3次データム平面"に接触させることによって、第3次データム平面に垂直な方向の並進（移動）の自由度1つが拘束される。

　このように、部品に対してデータムが指示されてデータム系（三平面データム系）が設定されることによって、部品がもつ自由度は拘束される。

　では、データム系と6自由度の関係を見てみよう。

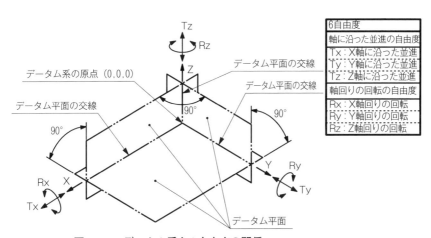

6自由度
軸に沿った並進の自由度
Tx：X軸に沿った並進
Ty：Y軸に沿った並進
Tz：Z軸に沿った並進
軸回りの回転の自由度
Rx：X軸回りの回転
Ry：Y軸回りの回転
Rz：Z軸回りの回転

図2-14　データム系と6自由度の関係（※記号はISO規格案）

　図2-14には、3つの直交するデータム平面があり、これがデータム系を構成している。そのデータム平面の交線である3本の軸があり、その3つの軸の交点がデータム系の原点である。これに対して、XYZで示す直角座標系が設定されている。

　このデータム系（三平面データム系）に対応させる"データム座標系"は、

図2-15に示すように、右手直角座標系を対応させることになっている。6自由度とは、3つの軸に沿った並進（移動）の自由度3つと、3つの軸の回りの回転の自由度3つのことである。それぞれは、記号で表すことができる（図2-14で示す記号は、ISO規格案である）。軸に沿った並進の自由度については、X軸の場合は記号Txで、Y軸の場合は記号Tyで、Z軸の場合はTzで表す。また、軸回りの回転の自由度については、X軸の場合は記号Rxで、Y軸の場合はRyで、Z軸の場合はRzとなっている。

図2-15　右手直角座標系

【参考】

　ASME規格におけるデータム系における6自由度の表し方は、**図2-16**のようになっている。そこでは、ISO規格案とは異なる記号を用いている^(注)。

　ASMEでは、各軸に沿った並進の自由度の記号は、x、y、z（小文字）で、各軸回りの回転の自由度の記号は、u、v、w（小文字）となっている。ASMEにおいても、データム系に対応させるデータム座標系は、ISOと同様に〝右手直角座標系〟となっている。

　（注）ASMEではデータム系（datum system）とは呼ばず、データム参照フレーム（datum reference frame）としている。

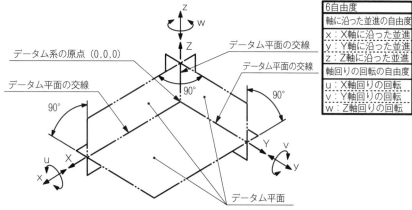

図2-16　ASMEのデータム系（データム参照フレーム）における6自由度の記号
（注）この図は、ASMEの意味を変えない程度に、変更を加えている。

2.2.2　第1次のデータム形体が拘束する自由度とは

　図面においてデータムを指示する場合、まず、最初に指示するのが"第1次データム"をつくる"データム形体"の選択である。この"データム形体"に何を選ぶかで、部品のもつ6自由度のうち、どの自由度が拘束されるのかが決まる。それを前提にして、第2次データム、さらには、第3次データムとして、それぞれどの形体を選ぶかということになる。

　第1次データムとしてどの形体を選ぶか、それによって拘束される自由度がどうなるか、5つの形体についてまとめたものが、**図2-17**である。

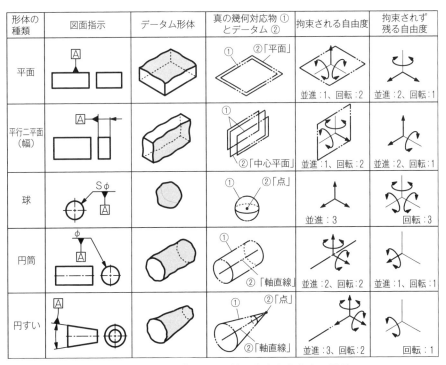

図2-17　第1次データム形体の指定と自由度の関係

1）平面

　平面形体を第1次データムに指定した場合、設定されるデータムはデータム平面である。これによって拘束される自由度は、図で見るように、平面に垂直な方向の並進（移動）の自由度1つ、平面上で直交する2つの軸回りの回転の自由度2つの、計3つである。しかし、平面上の直交する2つの軸に沿った並進（移動）の自由度2つと、平面に垂直な軸回りの回転の自由度1つの、計3つの自由度は拘束されず残る。

2）平行二平面（幅）

　平行二平面を第1次データムに指定した場合、設定されるデータムはデータム中心平面である。これもいわば平面形体の一種なので、1）の平面と同じで、拘束される自由度は、平面に垂直な方向の並進（移動）の自由度1つ、平面に沿った直交する2つの軸回りの回転の自由度2つの、計3つである。したがって、並進（移動）2つの自由度と回転1つの自由度が拘束されず残る。

3）球

　球を第1次データムに指定した場合、設定されるデータムはデータム中心点である。この指定によって、拘束される自由度は、この点からの直交3方向の並進（移動）の自由度の3つである。拘束されず残る自由度は、直交3方向の軸回りの回転の自由度3つである。

4）円筒

　円筒形体を第1次データムに指定した場合、設定されるデータムはデータム軸直線である、1本の直線である。これによって拘束される自由度は、この直線に直交する2方向の並進（移動）の自由度2つと、その2つの軸線回りの回転の自由度2つの、計4つである。したがって、拘束されずに残る自由度は、この軸線に沿った並進（移動）の自由度1つと、この軸線回りの回転の自由度1つの、計2つである。

5）円すい

　円すい形体を第1次データムに指定した場合、円筒形体と比較するとわかるように、円筒との違いは、円すいには頂点があることである。つまり、円筒形体が拘束する4つの自由度に加えて、軸線に沿った並進（移動）の自由度の拘束1つが追加される。結局、この場合、拘束されない自由度は、軸線の回りの回転の自由度1つだけとなる。

2.3 第1次データムを平面とするデータム系

2.3.1 3つの直交する平面形体によるデータム系

　直交する3つの平面形体の指定によって設定されるデータム系は、データム系の状態を最も端的に表す基本的なものである。機械加工部品は、このデータム系で表現できることが比較的多い。

　先の図2-12で示した部品Aの図面指示例について、データム系、データム座標系、6自由度を表すと、次の**図2-18**のようになる（先の図2-11とは、部品を見る方向を変えてある）。

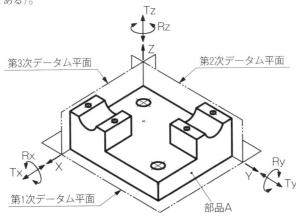

図2-18　3つの直交する平面形体によるデータム系

2.3.2 第2次、第3次のデータム形体がいずれも直線形体とするデータム系

　平面形体と直線形体を用いてのデータム系の例としては、**図2-19**のものが典型的といえる。

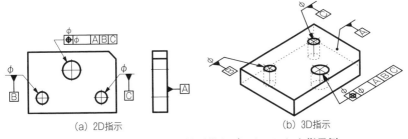

(a) 2D指示　　　　　　　　　　(b) 3D指示

図2-19　平面形体と直線形体をデータムにした指示例

第1次データムは平面形体、第2次データムと第3次データムがともに直線形体（軸直線）になっている。このように指示したときのデータム系は、**図2-20**のようになる。

ここで注目したいのは、第2次データム平面と第3次データム平面が、どちらになるかである。データム軸直線Bとデータム軸直線Cを通る平面が、第3次データム平面である。第2次データム平面は、データム軸直線Bを通り、第1次データム平面と第3次データム平面にそれぞれ直角な平面である。

このデータム系における、6自由度とデータム座標系は、図示した通りになる。

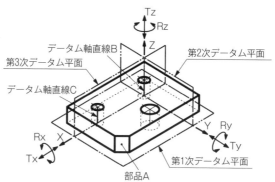

図2-20　平面形体と直線形体によるデータム系の例

指示例（図2-19）の部品におけるデータム形体と公差付き形体への幾何公差指示をした図面指示例を、**図2-21**に示す。

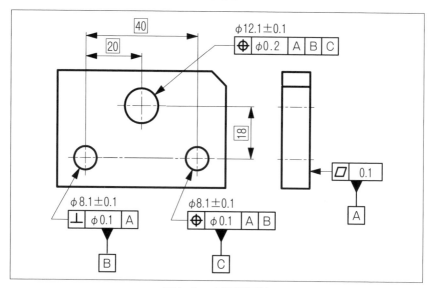

図2-21　図面指示例

2.3.3 第2次データムを直線形体、第3次データムを平面形体とするデータム系

　第1次データムの平面形体に次いで、第2次データムをデータム軸直線とし、第3次データムは、データム形体としては外殻形体の平行二平面（幅）を用い、その中心平面を第3次データムとする。そのデータム系の指示例を**図2-22**に示す。

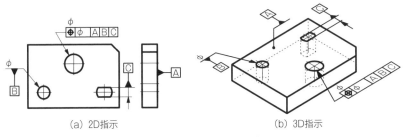

（a）2D指示　　　　　　　　　　　　（b）3D指示

図2-22　直線形体と平行二平面（幅）をデータムにした指示例

　設定されるデータム系は、**図2-23**を見てもわかるように、先の図2-20とほとんど同じである。異なるところといえば、先のデータム軸直線Cがデータム中心平面Cに変わったところだけで、設定されるデータム系もデータム座標系、6自由度の関係も全く同様である。

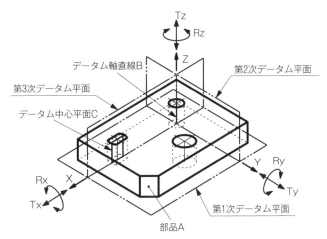

図2-23　直線形体と2種類の平面形体によるデータム系の例

　指示例（図2-22）の部品におけるデータム形体と公差付き形体への幾何公差指示をした図面指示例を、次の**図2-24**に示す。

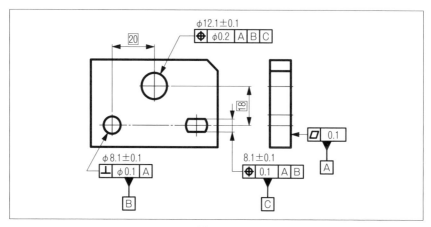

図2-24

　なお、下記のように類似した部品形状とデータム指示においても、それによって設定されるデータム系は、先の図2-19や図2-22などと同じになる。

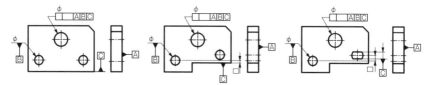

図2-25　図2-19、図2-22と同じデータム系となる指示例

2.3.4　第2次データムに直線形体を指定して設定するデータム系

　第2次データムとして円筒形の軸直線を指定して、その時点で、その部品のデータム系が完成する場合がある。その部品例を図2-26に示す。部品の主要

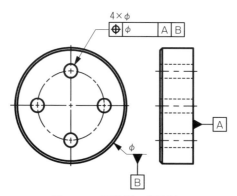

図2-26　円筒形の部品例1

な軸線に対して均等に配置された形体（4つの穴）がある円筒部品の場合、データムBの軸直線に関して、部品の姿勢、つまり回転の自由度を拘束する意味はない。部品として要求しているのは、4つの円筒穴（の軸線）が、データム平面Aに対して直角で、データム軸直線Bと同軸を中心に指定ピッチ円上に均等に配分された真位置を基準に、指定した公差域内にあることである。

部品例1（図2-26）において、データム形体と公差付き形体への幾何公差指示を行った場合の図面指示としては、図2-27のようになる。

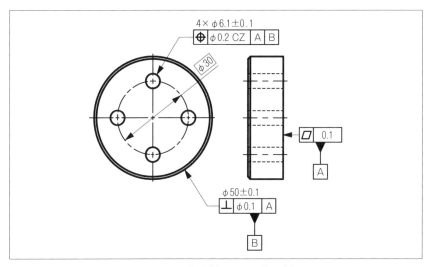

図2-27　部品例1の図面指示例

このように図面指示した場合のデータム系は、図2-28のようになる。

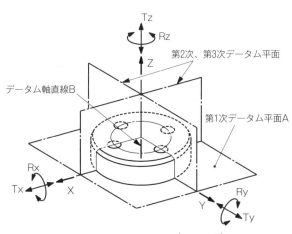

図2-28　図2-27のデータム系

なお、このデータム指示では、第1次データム平面Aは確定するが、第2次と第3次のデータム平面は特定できない。ただし、第2次データム平面と第3次データム平面は、いずれも、部品内の4つの$\phi6.1$の円筒穴の軸線を通るものと解釈するのが一般的である。

2.3.5　第2次データムとして"ねじの軸線"を指定するデータム系

　これは、基本的には、2.3.4節の第2次データムに直線形体を指定することで設定されるデータム系に相当する。ただし、ねじの軸線をデータムに設定する場合、指示方法に特別な指示が必要なので、それがどのようなものかを説明する。

　部品例として、**図2-29**のようなものとする。

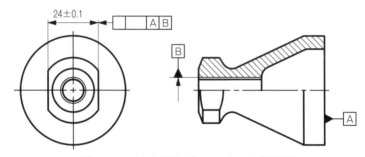

図2-29　めねじ部をデータムとした部品例

　この部品では、データムAとして指示した面を第1次データムとして、"めねじ"の軸線を第2次データムBとして、左の投影図における平行二平面の中心面に対して幾何公差で規制するものである。つまり、データム平面Aに対しての姿勢公差（直角度）と、データム軸直線Bに対しての姿勢公差（平行度）を含む位置公差（位置度）を要求するというものである。

　この場合の図面指示は、**図2-30**のようになる。

　この部品のように、"めねじ"の軸線に対する幾何公差指示では、めねじが形成されている形体内部における公差域を要求するのではなく、めねじの円筒形体から突き出た領域での公差域を要求するのが一般的である。これは、「突出公差域」を要求する指示方法である。突き出た部分の長さを、記号Ⓟに続いてTEDで示す[注]。

　[注]　ISO/JISなどでは、「突出公差域」の指示Ⓟの場合、一般には、記号"Ⓜ"を併用しないが、本書では、この指示方法に中には、最大実体公差方式の考え方が含まれていると
の解釈から、ASMEと同様に、あえて記号Ⓜを明示している。なお、Ⓜを記入する位置は、ISO規格に準じている（3.4.2節参照）。

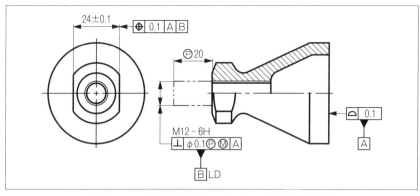

図2-30　めねじ部をデータムとした図面指示例

　さらに、この指示では、めねじ部をデータムと指定する場合、データム文字記号の脇に、"LD"と指示している。これは、この場合のデータムBの実用データム形体が、ねじの内径円筒であることを意味し、この内径に最大接触する円筒の軸直線をデータム軸直線Bとすることを要求しているのである。

　図2-30の指示において、公差付き形体である"めねじ自体"に対する幾何公差指示の意味と、そのねじ形体をデータムとしたときの"実用データム形体"のあり方の意味とを、明確に区別して考えなければならない（3.3節参照）。

第2章　データム系（三平面データム系）

41

2.4 第1次データムを軸直線とするデータム系

第1次データムを平面形体に採ることに比べて、直線形体を第1次に採ることは、それほど多くはない。相手の軸部材と関連して動作する部品には、第1次データムに直線をもってくる場合がある。そのような部品例を2つ示す。

2.4.1 第2次データム：平面、第3次データム：平面

最初の例を、**図2-31**に示す。これは、第1次データム形体として、同軸上に離れて配置された2つの軸線Aとし、第2次データム形体Bは、その軸線に平行な、ある距離だけオフセットした表面である。さらに、第3次データム形体Cは、データム軸直線Aに直角な表面である。この場合の、第1次データムは、"共通データム軸直線A-A"となる。

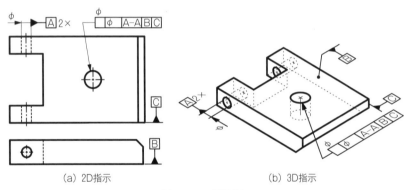

(a) 2D指示	(b) 3D指示

図2-31　部品例1

この場合に設定されるデータム系は、**図2-32**のようになる。

"共通データム軸直線A-A"を含む平面が、第1次データム平面となる。この共通データム軸直線A-Aを通り、データム平面形体Bに平行な平面が、第2次データム平面である。この時点で、ようやく、これと直交する平面として、第1次データム平面は確定する。共通データム軸直線A-Aと第2次データム平面Bに直角で、データム平面形体Cを含む平面が、第3次データム平面となる。

なお、第2次データム平面は、第2次データムとして指定した"データム平面形体Bを含む平面"でないことに注意する。

（注）この第1次データムに対する第2次データム平面の関係については、第3章の3.1.3節における、第2次データムと第3次データムの関係において再確認のこと。

42

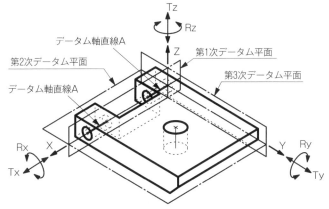

図2-32　第1次データムを直線とするデータム系

　部品例（図2-31）におけるデータム形体と公差付き形体への幾何公差指示を
した図面指示例を、**図2-33**に示す。

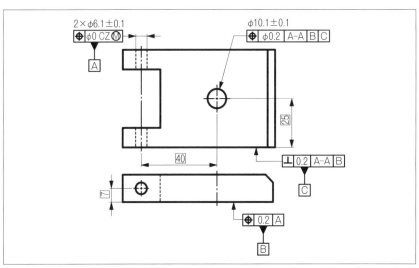

図2-33　部品例（図2-31）に対する図面指示例

2.4.2 第2次データム：軸直線、第3次データム：平面

この場合の例を、**図2-34**に示す。これは、第1次データムが、同軸上の2つの軸直線Aを共通データム軸直線A-Aとするのは、図2-33と同じであるが、第2次データムの設定が異なる。こちらは、第2次データムとして、第1次データムの軸直線と部品の底面から同じ距離の位置にある軸直線Bを、データム軸直線Bに設定している。

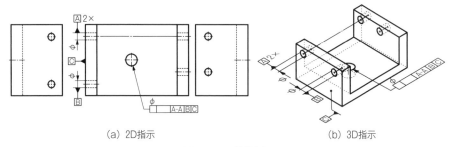

| (a) 2D指示 | (b) 3D指示 |

図2-34　部品例2

この場合に設定されるデータム系は、**図2-35**に示すものになる。第1次データム平面は、2つの軸線によって設定されるデータム軸直線A-Aを通る平面である。この時点では、それだけが決まっているだけで、その共通平面の姿勢は決まっていない。

次の第2次データムとして軸線Bを設定しているので、これによって、第2次データム平面は、共通軸直線A-Aと軸直線Bを通る平面となる。これによって、先の第1次データム平面の姿勢が、第2次データム平面に直交する関係として定まる。

最後の第3次データム平面であるが、これは、第1次データムと第2次データムの2つのデータム平面の交線とデータム平面形体Cとの交点を通る平面であ

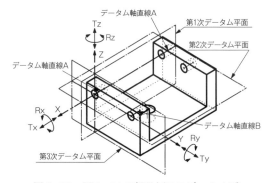

図2-35　図2-34の部品例2のデータム系

る。これは、第1次データム平面と第2次データム平面とのそれぞれに直交する平面である。

部品例（図2-34）について、データム形体と公差付き形体への幾何公差指示をした図面指示例を、**図2-36**に示す。

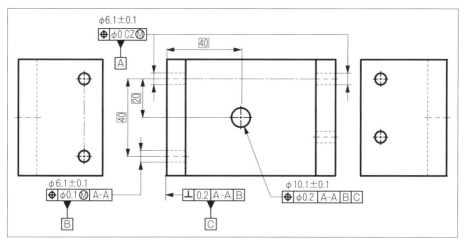

図2-36　図面指示例

2.4.3　第2次データム：平面、第3次データム：中心平面

これは、基本的には、第2次と第3次がともに平面であるが、第3次データムが中心平面のケースである。円筒形の部品には、よくある指示である。その例を**図2-37**に示す。

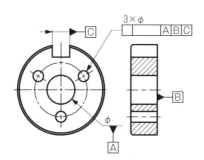

図2-37　円筒形の部品例2

このような部品の場合、部品の機能として、データムAに指定した軸部を主に回転させて機能し、軸方向の位置をデータム平面Bで受け、さらに、その回転を1か所の溝部分で規制するものである。その上で、3か所の円筒穴を、データム軸直線Aを中心とするピッチ円上の均等の位置を真位置として指定した公差域内に規制したいというものである。

部品例（図2-37）において、データム形体と公差付き形体に、それぞれ幾何公差指示すると、次の**図2-38**のようになる。

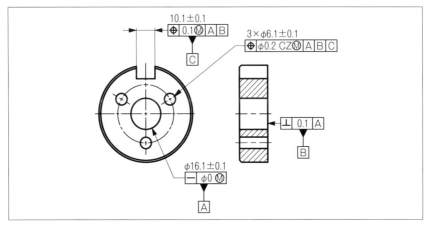

図2-38　部品例2の図面指示例

　この指示によって、設定されるデータム系は、**図2-39**のようになる。先の図2-28に示したデータム系との違いを確認してほしい。

　第1次データムは直径16.1の円筒穴の軸直線を含む平面であるが、この時点では、確定していない。第2次データムは、データム軸直線Aと直角な平面Bである。第3次データム平面は、データム軸直線Aとデータム中心平面Cを含む平面である。この結果から、ようやく、第1次データム平面が確定する。つまり、第2次データム平面と第3次データム平面に直角で、データム軸直線Aを通る平面である。

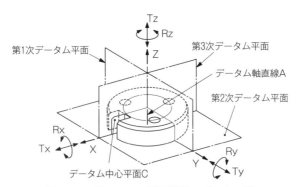

図2-39　図2-38の図面指示のデータム系

2.4.4 第1次データム：ねじの軸直線、第2次データム：平面

　第1次データムは、直線であるが、ねじの軸直線の場合である。先の2.3.5節でも触れたように、ねじの軸直線をデータムに設定する場合は、特別な指示が必要である。先の例が"めねじ"であったが、こちらは"おねじ"の場合である。おねじの軸直線を第1次データムとし、第2次データムを平面とする場合の指示である。

　ねじの軸線を第1次データムとするというケースは、それほど多いケースではないが、まれに、規制対象の形体を、できる限りねじの軸線上に限定したい場合がある。その場合の部品例としては、**図2-40**のようなものがある。

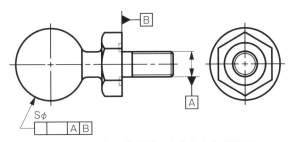

図2-40　おねじ部をデータムとした部品例

　この部品の場合、左側の球の中心を、できる限りおねじの軸線上にあってほしいという設計要求である。主に、第1次データムであるねじ軸直線によって、軸線に直角な方向の位置公差を規制し、次に、第2次データムである面によって、軸線に沿った方向の位置公差を規制したいというものである。

　このような場合の、第1次データムAと第2次データムBへの指示、および公差付き形体への幾何公差指示としては、**図2-41**のようになる。

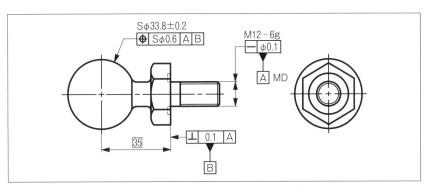

図2-41　おねじ部をデータムとした図面指示例

47

この場合のねじは、M12のねじで、ねじ外径の公差クラスが6gと指示されているので、外径の測定を意図している。その上で、それによる軸直線がφ0.1の円筒内の公差域にあるか検証される。そして、データム記号の脇には、"MD"と指示されているので、この場合の実用データム形体Aは、ねじ外径に接触する最小外接円筒となり、その軸線の変動が、直径0.1の円筒内に収まっているか検証される。データム軸直線Aは、その軸線の当てはめ直線となる。

第2次データムBの平面は、その最小外接円筒の軸直線に対する直角度という姿勢公差（直角度）が公差内にあるか検証される。第2次データムBは、実用データム形体Aに直角に設定された平面形体である実用データム形体Bの平面となる。

この部品の場合、データム系は、|A|B|の第2次データムまでの指示で完成している。このデータム系を参照する形で、直径33.8の球の中心の位置度公差が直径0.6の球内にあるか否か検証される（3.3節参照）。

2.5 複数のデータム系の指示方法

　多くの場合、1つのデータム系を設定することによって、図面における要求事項を指示できることが多い。しかし、部品によっては、補助的な意味を含めて、複数のデータム系を設定した方が、部品の機能達成の点からも、製作上においても、適切な場合がある。その例を、いくつか提示する。

2.5.1　角度のある2つのデータム系

　その部品例を、**図2-42**に示す。

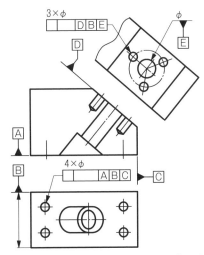

図2-42　複数のデータム系をもつ部品例

　部品としては、正面図の下部を相手部品に置き、右側の斜めになった表面に、他の部品を組み立てるものである。この場合、斜めになった表面上の形体をどのように指示して、位置精度や姿勢精度を達成するかが、ポイントとなる。

　この場合の設定される2つのデータム系は、**図2-43**のようになる。

　この図では、第1のデータム系が、|A|B|C|からなり、また、そのデータム座標系は、X1、Y1、Z1であることを示している。さらに、第2のデータム系は、|D|B|E|からなり、そのデータム座標系がX2、Y2、Z2であることを示している。図の右下に2段で示したデータム系の指示によって、部品としては"2つのデータム系"により設定されていることを表している。

　この2つのデータム系における、データム形体と公差付き形体への幾何公差指示は、**図2-44**に示すものとなる。

　この指示におけるポイントは、第1のデータム系と第2のデータム系を関係

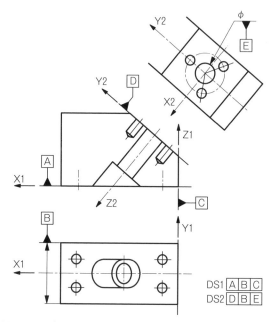

図2-43　部品例（図2-42）における2つのデータム系

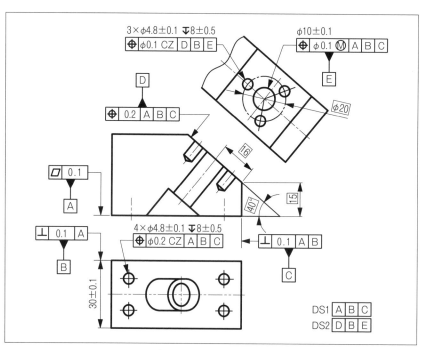

図2-44　図面指示例

付ける役割の形体である角度40°の傾斜平面、および、その面上に存在する直径10の円筒穴への幾何公差指示である。つまり、第2データム系を構成するデータム形体Dとデータム形体Eへの幾何公差指示を適切に行うということにある。

なお、データムBは、サイズ公差30±0.1の中心面であり、データム中心平面Bである。

2.5.2 "寸法基準"を変えるための2つのデータム系

設計意図に従って、公差付き形体の寸法基準を、主たるデータム系から変更する場合がある。そのための適切な指示方法を見てみよう。

1）部品例1

その最初の部品例を、**図2-45**に示す。

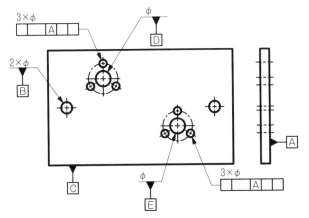

図2-45　部品例1

この部品には、ほぼ同じ形をした公差付き形体のパターンが2つある。ただし、それぞれは、パターンの中心の円筒穴形体は、別のデータム系を構成し、そのもとでの規制を意図している。つまり、左上のパターンはデータムDを、右下のパターンはデータムEを参照しての規制を求めている。この場合、データム系は3つ必要になる。それを示したのが、**図2-46**である。

この部品の主となる第1のデータム系は、|A|B-B|である。その第1次データムAは、データム平面形体Aの平面、第2次データムは、共通データムB-Bである。この第1のデータム系は、平面である第1次データムAと共通データムB-Bである第2次データムの指定によって、データム系（三平面データム系）が完成している。

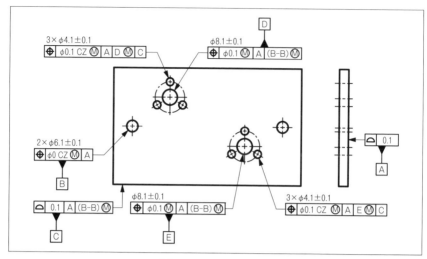

図2-46　図面指示例1

　この部品の正面図の下側の面は、第1のデータム系を参照とするデータム平面Cとしている。左上のパターン形体は中心の円筒穴をデータムDとして、周囲の3つの円筒穴は、データム系|A|D|C|を参照して規制している。右下のパターン形体は中心の円筒穴をデータムEとして、周囲の3つの円筒穴は、データム系|A|E|C|を参照して規制している。

　この図面指示によって設定される3つのデータム系の状態を、データム座標系とともに示すと、**図2-47**のようになる。

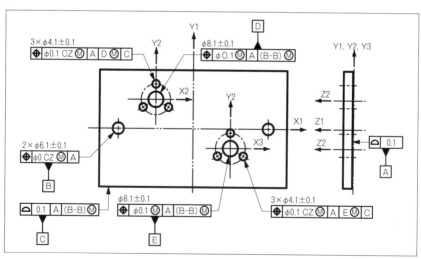

図2-47　データム系を明示した図面指示例2

この図面指示によるデータム系の特徴としては、部品のほぼ中央を直角に交差する2つのデータム平面が、第1のデータム系を構成する内の2つのデータム平面になっているところである。形体の規制の基本をこのデータム系としている。データム形体C、データム形体D、それにデータム形体Eのいずれも、この第1のデータム系を参照する形で規制している。そのもとで、それぞれ3個の円筒穴から構成される2組のパターン形体は、第1のデータム系に依存する第2のデータム系、および、第3のデータム系において、それぞれ規制している。

2) 部品例2

　寸法の基準を変える部品例の2つ目として、**図2-48**の部品を取り上げる。

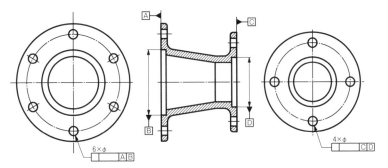

図2-48　部品例2

　この円管状の部品の左右の平面にある複数（6つと4つ）の穴に対して、それぞれ別の基準、つまり別のデータムによって規制したいというものである。その2つの基準系、つまりデータム系の相互関係をもたせる形体を、右側の側面（データムCで指示した面）とするというものである。つまり、第1のデータム系は|A|B|とし、第2のデータム系を|C|D|とした2つのデータム系をもつ部品である。

　この部品例2において、データム形体および規制対象の複数の円筒穴に対する幾何公差指示例としては、**図2-49**となる。

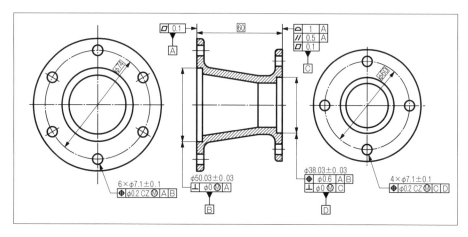

図2-49　図面指示例

　第1のデータム系を構成する第2次データムBは、データム平面Aに対してゼロ位置度公差が指示されている。この円筒穴の最大実体状態においては、直角度の偏差は許されず直径50（＝50.0－0＝MMS－GT）の円筒面を侵害することはできない。このデータム系を参照して、データム平面A上に配置された6つのφ7.1の円筒穴は、公差値φ0.2の最大実体公差が指示されている。つまり、この6つの円筒穴は、いかなる場合にも、直径6.8（＝7.0－0.2＝MMS－GT）の円筒面を侵害することはできないものとなっている。

　第2のデータム系を構成する第1次データム平面Cの平面形体については、データム平面Aに対する位置公差と姿勢公差を指示した公差値内に収め、形状公差（平面度）も指定内に収めることを要求している。このデータム系の第2次データムである円筒穴には、第1データム系に対する位置公差とともに、データム平面Cに対してゼロ位置度公差が指示されている。こちらの円筒穴の最大実体状態においても、直角度の偏差は許されず、直径38（＝38.0－0＝MMS－GT）の円筒面を侵害することはできない。こちらのデータム系を参照して、データム平面C上に配置された4つのφ7.1の円筒穴は、公差値φ0.2の最大実体公差が指示されている。つまり、この4つの円筒穴も、いかなる場合にも、直径6.8（＝7.0－0.2＝MMS－GT）の円筒面を侵害することはできないものとなっている。この図面指示からいえるポイントは、φ50.03とφ38.03、および合計10個のφ7.1の円筒穴は、いずれも相手部品とのはめあい関係にあることを意味していることである。

第3章

データム形体と
実用データム形体

　この章は、本書の中で最も多くの頁数を割いている。部品に
おいては "実際に存在するデータム形体" の指定によって、
"理想的な存在としてのデータム" が設定できる。その "デー
タムを実際に存在するもののようにする役割が実用データム形
体" である。そこで、部品において具体的に存在する「データ
ム形体」と「実用データム形体」の関係を明らかにしながら、
その2つの重要性を理解していただく。

データ形体が、平面か、円筒形か、あるいは平行二平面かなど、形体の種類によって、その実用データ形体は変わってくる。そこで、まずはデータ形体によって、実用データ形体がどのようなものになるのかを見ていく。

3.1.1 データ形体がすべて平面の場合

部品が金属材料で、主に機械加工によって製作される場合は、データ系を構成する3つのデータ形体がすべて平面形体である、というケースが多い。

まず、**図3-1**のような部品を、例として見ていこう。

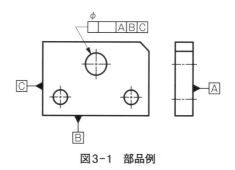

図3-1 部品例

この部品に対する最も基本的で、シンプルな図面指示としては、**図3-2**のようなものであろう。

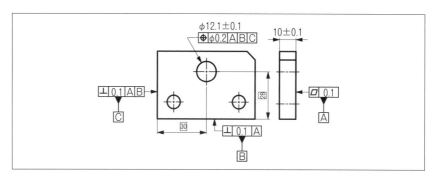

図3-2 図面指示例1

第1次データを設定するデータ形体Aは平面形体で、それには平面度0.1が指示されている。第2次データは、図示でデータ平面Aと直角に表された平面形体Bであり、それには、データ平面Aを参照とした直角度0.1が指示

されている。第3次データムは、図示でデータム平面Aとデータム平面Bに直角に表された平面形体Cである。これには、第1次データムAと第2次データムBを参照とする、直角度0.1が指示されている。

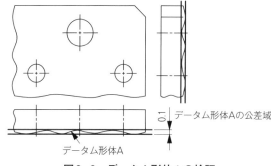

図3-3　データム形体Aの検証

　まず、データム形体Aは、**図3-3**に示すように、単独形体として、平面度0.1が要求されているので、間隔0.1の平行二平面の間に、表面のすべてが入っているか検証する。

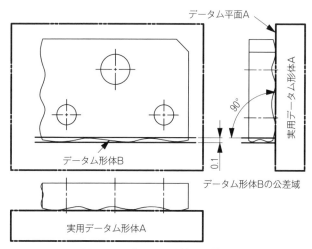

図3-4　データム形体Bの検証

　次に、第2次データムBが指示されている面は、**図3-4**に示すように、実用データム形体Aの上に部品のデータム形体Aの面を置いて、そのデータム平面Aに対して直角な、間隔0.1の平行二平面の間に、データム形体Bとした表面のすべてが収まっているか検証する。

　第3次データムCが指示されている面は、**図3-5**に示すように、実用データム形体Bを実用データム形体Aの上に置き（最大接触）、データム形体Bに指示

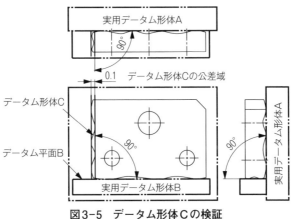

図3-5　データム形体Cの検証

した面を最大接触させる。その上で、実用データム形体Aおよび実用データム形体Bに対して直角で、間隔0.1の平行二平面の間に、データム形体Cとした表面のすべてが収まっているか検証する。

　これらの作業が終われば、データム形体A、データム形体B、そしてデータム形体Cの3つの面の検証がすべて終わったことになる。

　次に、部品内の幾何公差を要求した形体の検証に移る。**図3-6**に示すように、実用データム形体Aと実用データム形体Bを設定した状態に対して、さらに、この2つと互いに直角の実用データム形体Cを置き、部品のデータム形体Aとデータム形体Bの接触を保ちながら、実用データム形体Cの面に接触させて保持する。この状態を保ちながら、部品内の所定の形体（φ12.1の円筒穴）の測定、つまり、データム系|A|B|C|を参照している規制対象の形体の測定・検証を行うことになる。

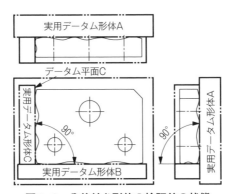

図3-6　公差付き形体の検証前の状態

　部品内にある公差付き形体であるφ12.1の円筒穴の検証は、**図3-7**のようになる。

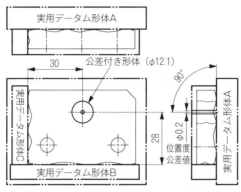

図3-7　公差付き形体（φ12.1）の検証状態

　まず、φ12.1の円筒穴の軸線の位置は、実用データム形体Bから距離28mm、実用データム形体Cから距離30mmの位置が真位置である。この真位置の基準となる直線は、実用データム形体Aに直角であり、実用データム形体BとCに対して平行関係にある。この直線を基準に規制対象の円筒穴の軸線が、直径0.2の円筒形内に収まっているか測定して検証する。穴の直径は、ノギスやマイクロメータなどの2点測定法を用いて、穴のサイズを測定して検証する。もちろん、限界ゲージによる検証でも構わない。

　次の図面指示例2を、**図3-8**に示す。先の図3-2に示す指示例1との違いは、φ12.1の円筒穴のサイズ公差指示おいて、記号"Ⓔ"が追加されただけである。これは、この円筒穴に"最大実体サイズの完全形状の円筒の境界を超えないこと"を要求する「包絡の条件」が指示されたものである。

　先の検証に加えて、この円筒穴がその条件をクリアしているかの検証作業が加わる。

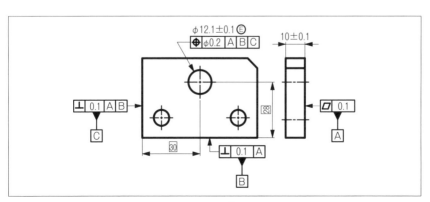

図3-8　図面指示例2

【補足】「包絡の条件」について

　これは、"サイズ公差"の指示の後に記号"Ⓔ"を指示することで、サイズの最大実体側に対して侵害してはならない境界があることを要求するものである。例えば、円筒穴（内側形体）に対して「φ12.1±0.1Ⓔ」と指示されていた場合、このときの最大実体サイズ（MMS）は、φ12.0である。つまり、いかなる場合にも、この円筒穴は、最大実体サイズの直径12の完全形状の円筒の境界を越えて、内部に入り込むことが許されない。

　なお、ASME規格では、規則の原則として、この「包絡の条件」〔ASMEでは、これを「包絡原理」（Envelope Principle）という〕が前提であり、他に特別な指示がない限り、この原則が適用されるので、注意が必要である。

　この"包絡の条件"の検証自体は、図面指示例1で用いた実用データム形体を必要とするものではなく、円筒穴単独で検証できるものである。具体的には、"下の許容サイズ"（φ12.0）の検証は、図3-9に示すようなゲージ（ピンゲージ）を用いて行う作業となる。φ12の軸長さは、少なくとも、部品の板厚10.1よりも長くなくてはならない。なお、"上の許容サイズ"（φ12.2）の検証は、ノギスやマイクロメータなどの2点測定法を用いて穴のサイズを測定して検証するか、限界ゲージを用いて、穴のサイズがφ12.2を超えていないことを確認する。

図3-9　ゲージ（ピンゲージ）例

　この場合の円筒穴の許容できる状態を、位置度に対する要求を含めて示すと、図3-10のようになる。

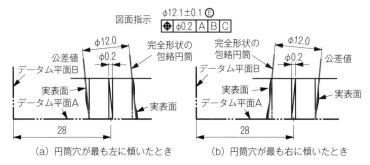

図3-10　φ12.1の円筒穴の検証

この図3-10は、左と右に傾いた場合だけを表しているが、データム平面Aに直角な直径0.2の円筒内であれば、360°どの方向に傾いていても、また、その円筒内であれば、軸線はどのように曲がっていても構わない。円筒穴の軸線自体は真位置を基準に直径0.2の円筒内の範囲で、先の図3-9に示したゲージがスムーズに挿入できれば要件を満たしている。

次の図面指示例3を、**図3-11**に示す。先の図3-2の指示例1との違いは、位置度の公差値の後に記号"Ⓜ"が追加されているところである。これは、「最大実体公差方式」を要求する指示である。その意味は、"サイズ公差と幾何公差（この場合は位置度）との間に相互依存関係をもたせる"というもので、サイズ公差の値によって幾何公差の公差値を変化させるものである。

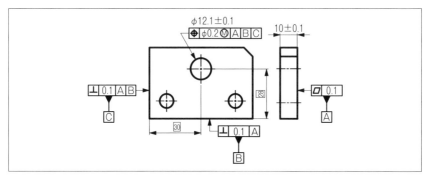

図3-11　図面指示例3

具体的にいえば、φ12.1と指示した円筒穴が、例えば、最大実体状態（MMCという）、つまり、12.0mmちょうどの場合には、位置度は指示値のφ0.2であるが、それからサイズが最小実体状態（LMCという）の側にずれた場合、そのずれ量を位置度公差に加える、というものである。従って、サイズが最小実体状態であった場合には、その穴の位置度公差は、φ0.4まで許容されることになる。

先の「包絡の条件」との違いは、こちらは円筒穴単独での検証ではないことである。先に示した図3-7の実用データム形体にセットした状態での検証になる。満たすべき状態を図示すると、次の**図3-12**のようになる。

この図面要求を理解するには、許容される範囲の限界となる状態がどうなるかを見るとわかりやすい。図3-12の図(a)は、円筒穴が最大実体状態（MMC）のときで、穴のサイズは12.0である（これをMMSという）。このとき、許容される位置度はφ0.2である。この中には、データム平面Aに対する直角度φ0.2も含まれていて、それに対して直径12.0の円筒がどの方向に傾いてもよいので、結局は、データム平面Aに対して、全く倒れのない直径11.8の円筒穴が、いかなる場合にも侵害してはならない境界面となる。

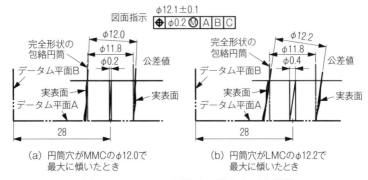

図面指示 φ12.1±0.1
⊕ φ0.2 Ⓜ A B C

(a) 円筒穴がMMCのφ12.0で
最大に傾いたとき

(b) 円筒穴がLMCのφ12.2で
最大に傾いたとき

図3-12　φ12.1の円筒穴の満たすべき状態

　一方、図(b)は、円筒穴のサイズが最小実体状態（LMC）のときで、そのサイズは12.2である（これをLMSという）。このとき許容される位置度公差は、はじめに図示した値（12.0）に対して、サイズのずれ分0.2（＝12.2－12.0）が、位置度に加わることになり、位置度はφ0.4まで許容される。この場合も守るべき条件は、データム平面Aに対して、全く倒れのない直径11.8の円筒穴の境界面であるから、それを守る範囲で最大限傾いてもよいことになる。

　いかなる場合にも、データム平面Aに対して直角の直径11.8の円筒の境界面を超えて、この穴の周面が内部に入り込まないことを意味している。これは、このデータム平面Aに対して直角な直径11.8以下の円筒軸が挿入しようとした場合に、何ら問題が起きないことを表している。

　先の図3-11の図面指示の場合の「動的公差線図」を示すと図3-13となる。

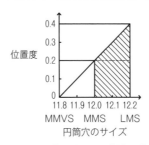

図3-13　図面指示例3の動的公差線図

　この動的公差線図が表していることの1つは、いかなる場合にも侵害できない境界面をもつ円筒穴の直径が11.8であることを表している。MMVSとは、最大実体実効状態（MMVC）におけるサイズのことで、穴部品においては、MMVS＝MMS－GT（幾何公差）の式が成り立つ[注]。

　（注）MMVS：Maximum material virtual size　最大実体実効サイズ
　　　　MMVC：Maximum material virtual condition　最大実体実効状態
　　　　なお、対象が軸部品の場合は、MMVS＝MMS＋GTとなる。

次の図面指示例4を、**図3-14**に示す。先の図3-11と、この図面指示例との違いは、位置度の公差値が、"φ0.2Ⓜ"だったものが、"φ0Ⓜ"となっているところだけである。

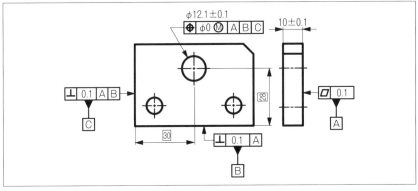

図3-14　図面指示例4

この図示方法を、初めて見る方もいるかも知れない。「位置度φ0ということが、あり得るの？」と疑問を抱く方もいるのではないだろうか。これは、一般には「ゼロ幾何公差方式」と呼ばれるものである。考え方としては、先の「最大実体公差方式」と同類のものである。つまり、"サイズ公差の状況によって、幾何公差の値を変化する"というものである。なお、サイズ公差で余った公差分を幾何公差に与える公差方式なので、サイズ公差が加工精度に対して厳しすぎる場合は、この方式が成立しない場合も起こる。したがって、指示するサイズ公差は、十分に検討した上で、与えることが求められる。

位置度φ0というのは、サイズがMMSの12.0mmのときで、サイズがLMSの12.2mmのときは、位置度はφ0.2まで許容するというものである。この場合も、MMCとLMCの極限の状態を示すと、**図3-15**のようになる。

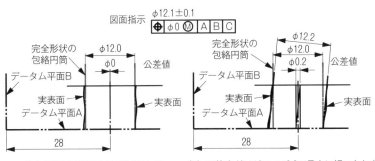

(a) 円筒穴がMMCのφ12.0のとき　　(b) 円筒穴がLMCのφ12.2で最大に傾いたとき

図3-15

ここでの、"いかなる場合にも侵害してはならない境界面"というのは、データム平面Aに直立した直径12.0の円筒面である。それを守る範囲であれば、円筒の直径のサイズは変動してもよい、ということである。

　この図面指示の内容を、よりビジュアルに表したのが、動的公差線図であり、それは**図3-16**のようになる。この場合は、MMSとMMVSは同じ値となる。先の図3-13の線図と比較し、どこに違いがあるか確認してほしい。

図3-16　図面指示例4の動的公差線図

　円筒穴のサイズの許容範囲は12.0〜12.2であり、先の0.2mmと同じである。異なるのは幾何公差の位置度の扱いだけである。先の図面指示例3では、位置度公差は、φ0.2〜φ0.4まで変動可能だった。こちらは、最大φ0.2までの許容である。しかし、サイズが12.0ちょうどに仕上がった場合を除いて、何がしかの位置度公差は許される。部品の製作側から見ると、位置度φ0というのは、あまりにもリスキーなので、できるだけLMS（φ12.2）寄りの値に仕上げようと考えるはずである。

　この線図を見れば、円筒穴のサイズを12.15mm程度に仕上げると、位置度はφ0.15程度まで許容されることが読み取れる。従って、加工者は、円筒穴のサイズを12.1〜12.2の範囲に収めれば、位置度はφ0.1〜φ0.2に確実に入ることがわかる。

3.1.2　第2次、第3次データムが軸直線の場合

　これは、第1次データムは、先と同様に平面形体とし、第2次と第3次のデータム形体を円筒穴というものである。このようなケースも、比較的多くある例である。それを**図3-17**に示す。

　これに対する最も基本的な図面指示例を**図3-18**に示す。

　第1次データムを設定するデータム形体Aは、これまでの例と同様に、部品の広い面の片側表面である。第2次データムを設定するデータム形体Bは、部品左側のφ8.1の円筒穴であり、データム軸直線Bとなる。第3次データムを設定するのは、部品右側にあるデータム形体Cで、これもφ8.1の円筒穴であり、データム軸直線Cということになる。

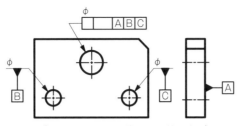

図3-17　第1次データム：平面、第2次、第3次データム：軸直線

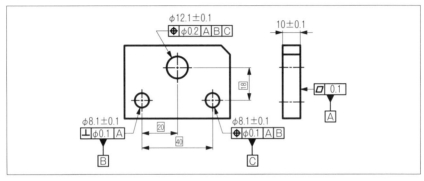

図3-18　図面指示例1

　先の図3-2との大きな違いは、第2次データムと第3次データムが軸直線であるというところである。これによって、データムBとデータムCの実用データム形体の構成が全く異なってくる。簡単に示すと、**図3-19**のように平面を持つ実用データム形体Aの表面に、垂直に立った2つの円筒ピンによって、実用データム形体Bと実用データム形体Cがつくられ、それらにより測定や検証が進められるということである。

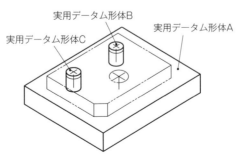

図3-19　実用データム形体の概要

図面指示によっては、この2つの実用データム形体Bと実用データム形体C
の構成や設定が異なってくる。それについて、できるだけ詳しく説明していく。
　まず、先の図3-18の図面指示例1における実用データム形体がどのようなも
のとなり、データム形体としてどうあるべきかを見てみよう。第1次データム
のデータム平面Aについては、先の図3-2の場合と同様なので省略する。第2次
データムについて説明する。
　データム軸直線Bをつくるデータム形体Bの円筒は、**図3-20**に示すように
なっていることが求められる。

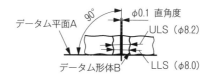

図3-20　データム形体B自体に対する要件

　直径8.1mmの円筒穴の直径は、円筒のどこを測っても、"上の許容サイズ"
（ULS）の8.2mmから"下の許容サイズ"（LLS）の8.0mmの範囲にあることが
要求される。一方、幾何公差として直角度φ0.1が要求されているので、サイズ
の出来上がりに関係なく、常に、円筒穴の軸線は、データム平面Aに対して直
角な、直径0.1mmの円筒内になければならない。このサイズ公差と幾何公差は、
互いに関係なく、それぞれ独立に満足していなければならない。
　次に、この円筒穴の軸直線がデータムとして参照されて、他の形体を規制す
るときにおける円筒穴の要件は、**図3-21**のようになる。ここで、特に留意す
べきは、データム形体B自体の要件と、それが参照データムとして用いられる
ときの要件とは、きちんと区別して考えることである。

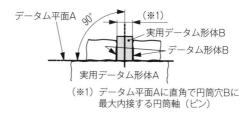

（※1）データム平面Aに直角で円筒穴Bに
　　　最大内接する円筒軸（ピン）

図3-21　データム軸直線Bとしての要件

　このデータム軸直線Bを実現する実用データム形体Bの要件として、最も大
事なことは、円筒穴の出来具合がどのようなものであっても、常に、その円筒
穴の内面に最大接触するようにしながら、出来上がったサイズの大きさに対応
して、その直径が変化する円筒軸であるということである。
　その1つの方法としては、**図3-22**に示すような、中央部にテーパの付いたピ
ンゲージを製作して、検証する方法がある。

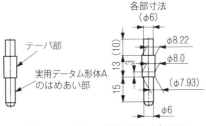

図3-22　テーパピンゲージの例

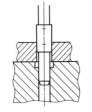
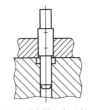
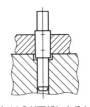

(a) LLSが上部にあるとき　(b) LLSが中間にあるとき　(c) LLSが下部にあるとき

図3-23　テーパピンゲージの検証例

図3-24　実用データム形体Aの形状例

　ピンゲージのテーパ部は、**図3-23**に示すように、"下の許容サイズ"φ8.0（LLS）から"上の許容サイズ"φ8.2（ULS）までに対して、余裕をもって最大接触する形状をもっていなければならない。図(a)は穴の最も小さな径（LLS）が穴の上部にあったときの状態を示し、図(b)は穴の最も小さな径（LLS）が穴のほぼ中央にあったときの状態を、図(c)は穴の最も小さな径（LLS）が穴の下部にあったときの状態を示す。

　これを用いるためには、部品を支持する実用データム形体Aは、**図3-24**のようになっている必要がある。つまり、穴が"上の許容サイズ"（ULS）のときは、ピンゲージは深く挿入されることになるので、それを考慮して、部品と接触する実用データム形体Aの表面の一部は"深ざぐり"が施してあることが必要である。この実用データム形体Aに設けられた、ピンゲージの下側直径に対応する円筒穴は、データム軸直線Bの位置を決めるものであるから、その直角度の設定と含めて、その役割は重要である。

次は、先のデータム平面Aと、このデータム軸直線Bを参照している、データム形体Cに指定した円筒形体Cの検証についてである。まずは、データム形体Cの円筒穴に対する位置度の検証である。部品を実用データム形体Aに載せ、続いて、実用データム形体Bであるテーパピンゲージを所定の穴に挿入し、データム形体Bの円筒の内面に最大接触させる。

三次元測定機（CMM）で測定する場合は、データム形体Bから真位置の40において、円筒穴の内径が、LLSのφ8.0からULSのφ8.2にあるか否かを測定して、円筒穴のサイズが公差内にあるかを検証する。さらに、この円筒穴の軸線の"当てはめ軸線"を求め、それが、データムBからTED40の位置を中心に、直径0.1の円筒内にあるか否かを検証し合格していれば、指示した幾何公差（位置度）は満足していることになる（**図3-25**）。

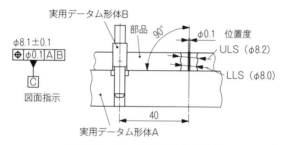

図3-25　データム形体Cの検証

続いて、部品中央上部にある直径12.1mmの公差付き形体の円筒穴の測定・検証における、測定の基準となる実用データム形体Bと実用データム形体Cは、**図3-26**に示すようにセットする。

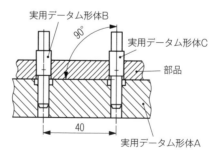

図3-26　図面指示例1のデータム系の検証例

実用データム形体Bと実用データム形体Cは、ともに、それぞれの円筒穴に対して、きちんと最大内接していることが必須である。特に、データム形体Cの穴の位置については、データムBからTED40の位置に固定した上で、データム形体Cの円筒内面に最大接触させる。

これらの検証の様子を、**図3-27**に示す。まず、公差付き形体であるφ12.1の円筒穴の内径のサイズが、ULS（φ12.2）からLLS（φ12.0）までの範囲に入っているか検証する。また、円筒穴の軸線がデータムBとデータムCからの所定の位置（水平方向TED20、垂直方向TED18）を真位置として位置度公差が直径0.1mmの円筒内にあるか否かを検証する。

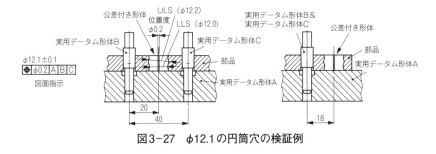

図3-27　φ12.1の円筒穴の検証例

以上で、先の図3-18の図面指示で要求している内容の検証が終わる。

次の図面指示例2を、**図3-28**に示す。これは、先の指示例1に対して、公差付き形体のφ12.1の円筒穴に対して、「包絡の条件」を追加しただけのものである。この円筒穴が相手の円筒軸との間にはめあい関係を要求しているものと理解できる。この検証については、すでに、先の図3-8に対して述べた内容と同様な検証を行えばよいので、ここでは割愛する。

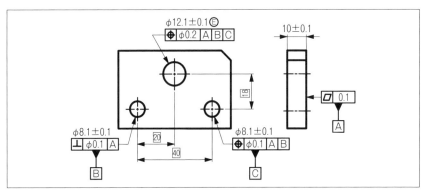

図3-28　図面指示例2

ここまでの図3-18と図3-28は、いわば基本的な図面指示であって、実用的には、これから説明する図面指示を行うことが多い。

その1つが、次の**図3-29**に示す図面指示例3である。

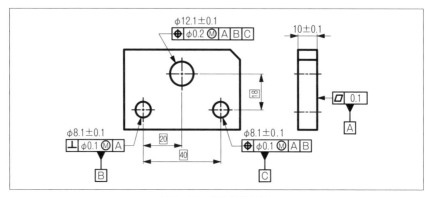

図3-29　図面指示例3

　この指示例3と先の指示例1（図3-18）との違いは、データム形体および公差付き形体のいずれにも適用できる形体には、「最大実体公差方式」Ⓜを適用していることである。

　この場合の検証方法について、これまでとの違いを中心に説明する。

　まず最初に、第2次データムBであるデータム形体Bの円筒穴についてである。円筒穴のサイズの検証は、前と変わらない。しかし、記号Ⓜがあることで、2つの点で大きく異なる。1つは、サイズの最大実体状態での完全形状の境界面があること。もう1つは、指示した幾何公差がサイズによって変化することである。

　では、第2次データムに指定している円筒形体Bについて見てみよう。これは、基本的に、先の図3-11の指示例において、φ12.1の円筒穴において行ったことと同じになる。その状態を図で示すと、**図3-30**のようになる。

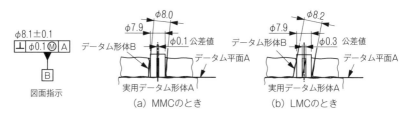

図3-30　データム形体Bに求められる要件

　この場合、データム形体Bは、どのようなことがあっても、最大実体状態のサイズ8.0から幾何公差（直角度）0.1を差し引いた直径7.9の円筒周面を超えて内部に入り込むことはできない。一方、サイズ公差の方は、φ8.0からφ8.2の間にあればよい。

　データム形体Cの方は、どうかというと、**図3-31**に示すように、データム軸直線Bから距離40の位置を真位置として、先のデータム形体Bと同様の関係

が要求される。ただし、ここで参照しているデータムBには、最大実体公差方式など特別な要求（後述の図面指示例4を参照）は、指示されていない。従って、データム形体Bの円筒穴の仕上がり状態に応じて、最大内接する円筒ピンである実用データム形体Bの軸線が、データム軸直線Bであることに注意する。

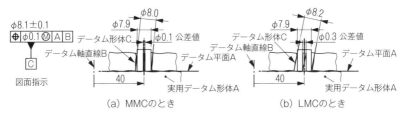

図3-31　データム形体Cに求められる要件

　次に、部品中央上にある公差付き形体のφ12.1の円筒穴の検証であるが、それは図3-32のようになる。先の図3-27との違いに注目してほしい。図3-27のときは、円筒穴のサイズと位置度公差は、それぞれ独立して検証していたが、こちらの場合は、サイズ公差と幾何公差（位置度）との間には相互依存関係があるので、サイズに応じて許容される幾何公差（位置度）が異なってくる。

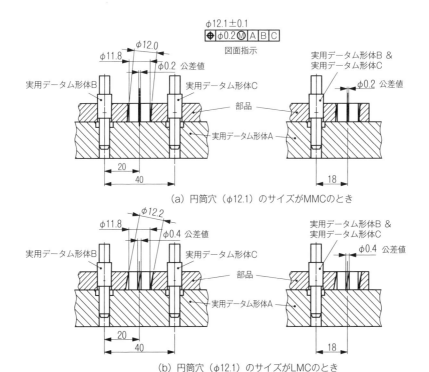

図3-32　φ12.1の円筒穴の検証

この場合であっても、当然のことではあるが、データム形体Bとデータム形体Cに挿入される実用データム形体（テーパピン）は、それぞれの円筒穴に優先順位の順番に従って、きちんと最大内接していなければならない。

図3-32からもわかるように、最大実体状態の検証には、データム平面Aに直角に維持された直径11.8mmの円筒軸（ピン）が、いずれの場合にも、干渉なく挿入できなければならないことがわかる。

ここまで、図面指示例1から図面指示例3と見てきたが、測定およびゲージによる検証のいずれの場合でも、結構、厄介な合否判定が必要になっている。

ここからは、ゲージ類を使って検証することで、簡便なサイズの測定（または、限界ゲージによる検証）を組み合わせることで、測定作業を極力少なくして要求事項の合否判定ができる図面指示方法について説明する。

まず、その図面指示例4を**図3-33**に示す。先の図面指示例3との違いは、データム形体Cに対する指示と、公差付き形体の円筒穴φ12.1に対する指示のそれぞれにおいて、参照するデータム対して記号"Ⓜ"を適用しているところである。つまり、その意味を簡単にいうと、そのデータムを参照する場合、データム形体が最大実体実効サイズ（MMVS）であればよい、ということを表している。別のいい方をすれば、そのデータムは、"最大実体実効サイズ（MMVS）の直径固定のピンゲージ"を用いることでよく、直径をわざわざ可変にして最大内接させる必要はない、ということを意味している。これによって、検証が非常に簡便になり、実用的になるという利点が生まれる。

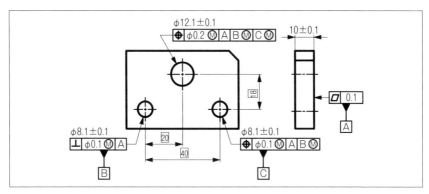

図3-33　図面指示例4

では、その内容を詳しく見てみよう。

図3-33の図面指示例4では、まず、部品右側のデータム形体Cに指定している円筒穴φ8.1の幾何公差指示において、参照するデータムBにⓂが適用されている。また、部品上部の公差付き形体の円筒穴φ12.1の方の幾何公差指示においても、参照データムのデータムBとデータムCにⓂが適用されている。しか

し、どの幾何公差指示においても、データムAには⒨が指示されていない。⒨が指示できるか否かは、その形体が"サイズ形体"か否かにあり、サイズ形体の場合は適用できるが、基本的に、平面形体などには適用できないのである(注)。

【補足】「サイズ形体」について

サイズ形体は、図3-34に示すように、大きく2つに分けられる。1つが"長さサイズ"をもつもの、もう1つが"角度サイズ"をもつものである。このうち、「データム形体」として多く用いられるのは、(a)の「円筒」と(b)の「相対する平行二平面」である。

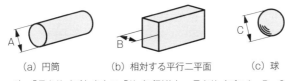

(a) 円筒　　　　(b) 相対する平行二平面　　　　(c) 球

1)「長さサイズ」をもつ「サイズ形体」　　長さサイズ：A、B、C

(d) 円すい（円すい台）　　　　(e) くさび

2)「角度サイズ」をもつ「サイズ形体」　　角度サイズ：D、E

図3-34　各種「サイズ形体」

さて、データム形体Bへの指示であるが、こちらは参照しているデータムAが、サイズ形体ではなく平面形体なので、データム参照において、⒨を適用することは決してない。データム形体Bに対する検証方法は、先の指示例3と同じであり、図3-29に示したものと同様である。

次に、データム形体Cへの指示であるが、こちらは参照しているデータムが、データムAとデータムBである。データムBは円筒形体という"サイズ形体"であるので、⒨が適用できる。データム形体Cの検証は（先の図3-26と違って）、次の図3-35のようになる。

データム形体Bとデータム形体Cの検証に使われる機能ゲージB＆Cは、図の(a)に示すものである。ゲージの中央部の直径が、データム形体Bの最大実体実効サイズ（MMVS）のϕ7.9（＝8.0−0.1＝MMS−GT）となっている。ゲージ下側のϕ6円筒部は、実用データム形体Aとはまり合う部分である。

図の(b)に示すように、実用データム形体Aの上に部品を置き、データム形体Bとデータム形体Cの2つの穴に、この機能ゲージが問題なく挿入できれば、

最大実体公差の要件は満たされていることになる。

なお、それぞれの円筒穴が、"上の許容サイズ"（ULS）を上回っていないか否かの検証は、測定によるか、限界ゲージによる判定が必要である。

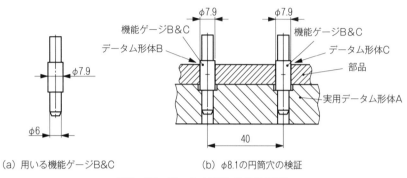

（a）用いる機能ゲージB&C　　　　　　（b）φ8.1の円筒穴の検証

図3-35　データム形体Cの検証例

次に、部品中央上部の公差付き形体のφ12.1の円筒穴の検証であるが、図3-35の(b)に示した状態を保った上で、別の機能ゲージ（ここでは機能ゲージDとした）をその円筒穴に挿入して検証することになる。その状態を図3-36に示す。

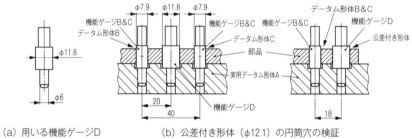

（a）用いる機能ゲージD　　　　　　（b）公差付き形体（φ12.1）の円筒穴の検証

図3-36　φ12.1の円筒穴の検証例

公差付き形体のφ12.1の円筒穴に挿入される機能ゲージDは、図3-36の図(a)に示す形状のものである。この円筒穴とはまり合う部分の直径がφ11.8になっている。部品のデータム形体B、データム形体C、そしてφ12.1の公差付き形体のそれぞれの円筒穴と各機能ゲージとのはめあい状態は、図3-36からははっきり確認できないが、拡大した1つの状態を、多少、誇張した形で表すと、図3-37のようになる。

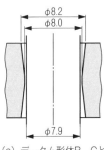

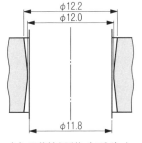

(a) データム形体B、Cと
機能ゲージとの関係

(b) 公差付き形体（φ12.1）と
機能ゲージとの関係

図3-37　各円筒穴と各機能ゲージとのはめあい状態

この図3-37からわかることは、図(a)と図(b)のいずれも、円筒穴と機能ゲージとの間に、すき間が存在することである。データム形体Bとデータム形体Cの円筒穴は、ともにサイズは、φ8.0～8.2まで許容される。また、円筒穴の倒れ（直角度、または位置度）はMMS（つまり、φ8.0）のとき、φ0.1許容されるので、この"すき間"というのは、0mmから最大0.3mmまでの範囲で発生することになる。このすき間が、データム形体の"浮動量"となり、その状態を"データムは浮動する"といういい方をする。

一方、φ12.1の公差付き形体であるが、こちらの円筒穴は、φ12.0～12.2までのサイズ変動が許容され、この円筒穴の倒れ（位置度）はMMS（つまり、φ12.0）のとき、φ0.2が許容される。こちらも機能ゲージと穴実体との間に、0mmから最大0.4mmまでの範囲で"遊び"（すき間）が発生する。

データム形体B、データム形体C、そして、公差付き形体の円筒穴の仕上がりサイズと幾何公差（直角度、位置度）の関係を線図（動的公差線図）で表すと、**図3-38**のようになる。

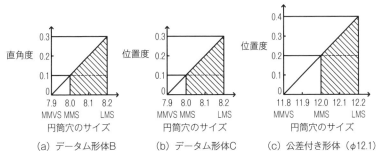

図3-38　図面指示例4における動的公差線図

この図から、機能ゲージの製作サイズが、MMVS（最大実体実効サイズ）のときであることがわかる。この線図に対応した形で、この部品の各円筒穴とはめあい関係になる円筒軸（ピン）の設計要件を決めることになる。

図面指示例4においては、サイズが最大実体状態のときでも、ある値の幾何公差（位置度）を与えている方式である。はめあいにおけるすき間を、もっと小さくすることはできないか、という要求に応えたものが、次の「ゼロ幾何公差方式」を用いた方式である。

　その図面指示とは、**図3-39**の図面指示例5である。先の図面指示例4（図3-33）と比較すればわかるが、データム形体Bとデータム形体Cに対する幾何公差指示の公差値が、$\phi 0.1$から$\phi 0$になっている。つまり、最大実体サイズ（MMS）においては幾何公差を全く許容していない。許容する幾何公差のすべてを、サイズの仕上がり状態に応じて与えるという考え方である。従って、この場合の幾何公差（直角度、位置度）は、サイズによって$\phi 0 \sim \phi 0.2$まで変化する。

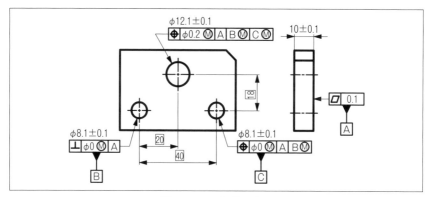

図3-39　図面指示例5

　この指示例5における、サイズ公差と位置度公差の関係を表す動的公差線図は、**図3-40**のようになる。先の図3-38の線図と比較してわかるように、データム形体Bとデータム形体Cにおける、公差値0.1に相当する"白抜きの三角形の部分"がなくなっている。つまり、その分だけはめあいにおける"遊び"（すき間）が減少したことを意味する。

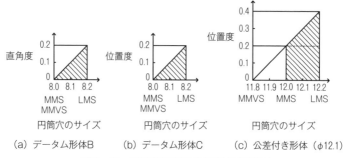

(a) データム形体B　　(b) データム形体C　　(c) 公差付き形体（$\phi 12.1$）

図3-40　図面指示例5の動的公差線図

この状態を検証する機能ゲージとその検証の様子は、**図3-41**のようになる。先の図面指示例4の検証の状態（図3-36）と比較してわかるように、その違いはデータム形体Bとデータム形体Cに挿入される機能ゲージのサイズがφ7.9からφ8.0に変わっているところだけである。つまり、データム形体における"すき間"を最大限少なくするという意図が表れているのである。

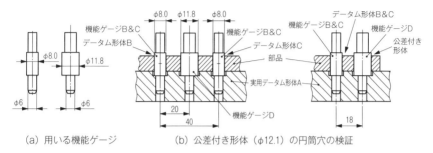

(a) 用いる機能ゲージ　　　(b) 公差付き形体（φ12.1）の円筒穴の検証

図3-41　図面指示例5の検証例

以上のように、図面指示例4と図面指示例5において、幾何公差の公差値に対して、および参照するデータムに対して、適用できるものすべてに最大実体公差方式Ⓜを用いたことによって、検証における機能ゲージが、固定した直径のものとなり、製作も容易で、検証作業全体が、やりやすいものになることがわかる。

3.1.3　第2次データムが軸直線、第3次データムが平面の場合

第1次データムが平面形体で、第2次データムが直線形体、第3次データムが平面形体の図面指示としては、**図3-42**に示すような、図(a)から図(c)などが考えられる。基本的には、いずれも同様な指示方法となるので、ここでは、図(b)の指示例を取り上げる。

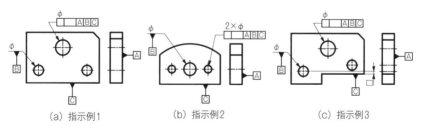

(a) 指示例1　　　　　(b) 指示例2　　　　　(c) 指示例3

図3-42　第1次データム：平面、第2次データム：軸直線、第3次データム：平面の例

図3-42の図(b)の指示例2の場合、データム形体への幾何公差指示、公差付き形体への幾何公差指示を盛り込んだ図面指示は、**図3-43**のようになる。

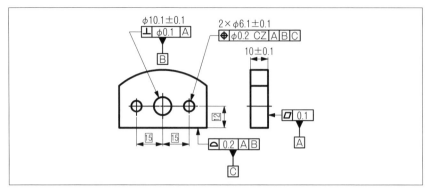

図3-43　図面指示例1

　第1次データムAは、正面図裏側（右側面図の右側）の表面の平面形体で、それには平面度0.1が指示されている。第2次データムBは、部品中央のφ10.1の円筒穴がデータム形体Bであり、その軸線がデータム軸直線Bとなる。さらに、第3次データムCを設定するデータム形体Cは、データムBから距離12の位置にある表面であり、データム平面Cである。

　個々の指示の意味を説明する前に、この図面指示に対する実用データム形体の概略を、**図3-44**に示す。実用データム形体Aは、部品全体を支持する部材で、その表面がデータム平面Aを設定する。また、その表面には直角にいくつかの円筒穴やねじ穴が設けられている。その穴の1つに、図(b)に示す実用データム形体Bである円筒ピンが挿入される。さらに、図手前の2つのねじ穴には、データム平面Aとは直角の平面をもつ実用データム形体Cがセットされる。

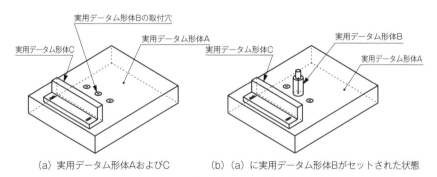

（a）実用データム形体AおよびC　　（b）（a）に実用データム形体Bがセットされた状態

図3-44　実用データム形体の例

　図面指示における第1次データムAであるデータム形体Aについては、先にいくつか説明したものと同様なので、ここでの説明は省略する。第2次データムBのデータム形体である、中央のφ10.1の円筒穴についても、先の図3-18で

説明したものと、穴径が異なるだけで、他は同じである。

このデータム形体Bの円筒穴には、次のことが要求される。この円筒穴には、データム形体Bとして形体自体の要件と、参照データムとして用いられるときの実用データム形体Bとしての要件が求められるので、それをきちんと分けて考える必要がある。

まず、このデータム形体Bの円筒穴の直径は、どこを測っても、"上の許容サイズ"（ULS）の10.2mmから"下の許容サイズ"（LLS）の10.0mmであることが要求される。一方、幾何公差として直角度ϕ0.1が要求されているので、サイズの出来上がりに関係なく、常に、円筒穴の軸線は、データム平面Aに対して直角な、直径0.1の円筒内になければならない。両者は、互いに関係なく、独立に満足しなければならない（**図3-45**）。

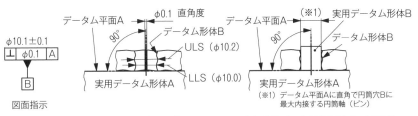

（a）データム形体Bの円筒穴の要件　　（b）実用データム形体Bとしての要件

図3-45　データム形体Bの円筒穴と実用データム形体Bの要件

次に、参照データムのデータム軸直線Bとして機能するときの要件では、円筒穴の出来具合がどのようなものであっても、常に、その円筒穴の内面に最大接触するようにしながら、仕上がったサイズの大きさに対応して、その直径が変化する円筒軸である実用データム形体Bによって支持しなければならない。

その1つの方法としては、**図3-46**に示すような、中央部にテーパの付いたピンゲージを製作して、検証する方法がある（考え方としては、先の図3-18のデータム形体Bと同じ）。

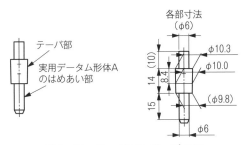

図3-46　テーパピンゲージの例

ピンゲージのテーパ部は、**図3-47**に示すように、サイズとして"下の許容サイズ"φ10.0（LLS）から"上の許容サイズ"φ10.2（ULS）まで取り得る円筒穴に対して、余裕をもって最大接触する形状をもっていなければならない。先の事例と同様であり、繰り返しになるが、図(a)は穴の最も小さな径（LLS）が穴の上部にあったときの状態を示し、図(b)は穴の最も小さな径（LLS）が穴のほぼ中央にあったときの状態を、図(c)は穴の最も小さな径が穴の下部にあったときの状態を示す。これを達成するための、部品を支持する実用データム形体Aは、**図3-48**のようになっている必要がある。つまり、穴が"上の許容サイズ"（ULS,φ10.2）のときは、ピンゲージは深く挿入されることになるので、それを考慮して、部品と接触する実用データム形体Aの表面の一部は"深ざぐり"を施してあることが必要である。この実用データム形体Aに開けられた、ピンゲージの下側直径に対応する円筒穴は、データム軸直線Bの位置を決めるものであるので、その直角度の設定と含めて、その役割は重要である。

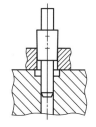 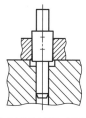 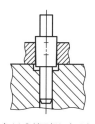

（a）LLSが上部にあるとき　　（b）LLSが中間にあるとき　　（c）LLSが下部にあるとき

図3-47　テーパピンゲージの検証例

図3-48　実用データム形体Aの形状例

　次は、先のデータム平面Aとこのデータム軸直線Bを参照して、データム形体Cに指定した平面形体Cに対する検証方法である。

　部品を実用データム形体Aに載せ、続いて、実用データム形体Bであるテーパピンゲージを所定の穴に挿入させる。データム形体Bの円筒の内面に最大接触させた状態で、データム形体Cに指定した平面形体を測定し検証する。

　まず、データム形体Cに対する幾何公差要求の確認である。**図3-49**の(a)に示すように、実用データム形体Bの軸直線（中心線）から、距離12mmを中心に、データム形体Bに近い側が0.1、遠い側が0.1の、合計0.2mmの平行二平面の間に、表面のすべてが存在するか否かを測定して、"面の輪郭度"公差0.2を満足しているのか検証する。

その次は、データム形体Cが、実用データム形体Cとしての要件を満たしているかの確認である。それを図(b)に示す。データム形体Bの円筒内面に最大内接している実用データム形体Bに対して、データム形体Cの表面と実用データム形体Cの表面が最大接触させるまで近づける。この状態で、実用データム形体Cの表面と実用データム形体Bの軸直線との距離が、11.9～12.1mmの間に入っているかを確認する。入っていれば、この部品のデータム系への設定は完了する。

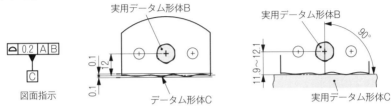

(a) データム形体C（平面形体）の要件　　(b) 実用データム形体Cとしての要件

図3-49　データム形体Cの検証例

ここまでの結果、先の図3-43で指示した部品に設定されるデータム系（三平面データム系）は、**図3-50**のようになる。ここで注目すべきことは、第3次データム平面は、データム形体Cがつくる平面ではなく、それと平行なデータム軸直線Bを通る平面であることである。

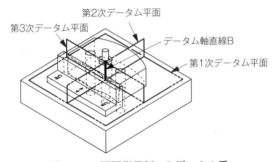

図3-50　図面指示例1のデータム系

このようなデータム系のもとで、公差付き形体である2つのφ6.1の円筒穴の検証に入る。その様子を、次の**図3-51**に示す。この図からもわかるように、データム平面形体Cの状態によって、第3次データム平面の姿勢が決まる。それは、また、それと直交の関係にある第2次データム平面の姿勢を決めることでもある。つまり、それだけ、このデータム平面C自体の状態は重要であるということである。もちろん、この姿勢の影響の度合いは、平面形体C自体の（図示での）水平方向の長さの大小に関係するので、できるだけ長くとることは、より精度の良い姿勢を確保できることを意味する。このデータム平面形体Cの"幾何公差の公差値"と"領域長さ"に注目することになる。

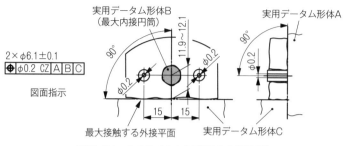

図3-51　2つのφ6.1の円筒穴の検証例

　公差付き形体の2つのφ6.1の円筒穴の真位置は、データム軸直線Bを通り、データム形体Cの平面（実際としては、実用データム形体Cの平面）に"平行な平面上"にあり、データム軸直線BからそれぞれTED15の位置である。公差付き形体の軸線は、図3-51に示すように、この真位置を中心に直径0.2の円筒内になければならない。この状態を、わかりやすくするために、**図3-52**を示す。

　ここで大事なことは、実用データム形体Cの表面を、部品のデータム形体Cに指定した表面に対して最大接触するまで、データム形体Cに許容されている幾何公差（面の輪郭度）の公差値内で可変させて、データム平面Cを設定することである。

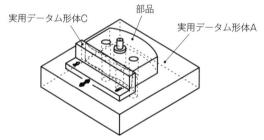

図3-52　図面指示例1における実用データム形体Cの検証例

　それでは、次の指示例の説明に移る。図面指示例2は、**図3-53**に示すものである。

　この図3-53の図面指示例2と先の図面指示例1（図3-43）との相違点は、データム形体Bの公差値をφ0とし、公差付き形体の公差値にもⓂを適用し、さらに、データム形体Cにおいて参照するデータムBにⓂを追加して、公差付き形体と参照するデータムBの両方にⓂを適用したところである。つまり、Ⓜを適用できる箇所には、すべてⓂを適用したということである。これによって、部品検証において、機能ゲージを用いた実用データム形体によって検証できるので、図面指示例1に比べて、利便性が一段とよくなる。

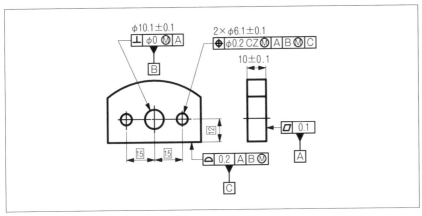

図3-53　図面指示例2

　では、まず、データム形体Bである円筒穴の要件について見てみよう。その要件を**図3-54**に示す。

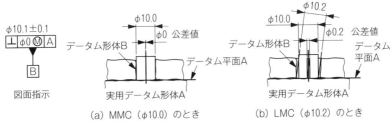

(a) MMC（φ10.0）のとき　　　(b) LMC（φ10.2）のとき

図3-54　データム形体B（φ10.1の円筒穴）の要件

　データム形体Bである円筒穴に対する要件は、2つの極限で端的に表すことができる。まず、円筒穴が最大実体状態（MMC）のφ10.0においては、図示した通りの幾何公差（直角度）はφ0である。つまり、この場合は、軸線の倒れは一切許されない。しかし、円筒穴が最小実体状態（LMC）のφ10.2においては、幾何公差（直角度）はφ0.2まで許容される。円筒穴の仕上がりサイズに応じて、幾何公差（直角度）がどのようになるかは、**図3-55**に示す動的公差線図を見れば、よく理解できる。この線図からは、円筒穴が図示サイズのφ10.1に仕上がったときは、直角度はφ0.1が許されることがわかる。円筒の仕上がりサイズに応じた幾何公差の値を確認して、そのもとで直角度の検証を行うことになる。

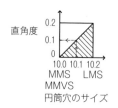

図3-55　動的公差線図

　次にデータム形体Cである平面に対する要件である。その状態は、**図3-56**
のように示すことができる。データム形体Cは、データム形体Bの円筒穴に対
して固定直径φ10の円筒軸の実用データム形体Bの軸線、つまりデータム軸直
線Bから距離12mmの位置を中心に、両側均等の0.1mmとする間隔0.2mmの平
行二平面の間にあるか否かを確認する。

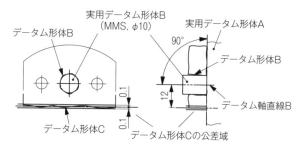

図3-56　データム平面形体Cに対する要件

　データム形体Aからデータム形体Cまでの3つのデータム形体が、それぞれ
に指示されたサイズ公差と幾何公差の要件を満たしていることを確認した後に、
公差付き形体（2つのφ6.1の円筒穴）の検証に移る。

　その検証は、次のようになる。まず、この図面指示例2における、データム
形体Bの円筒穴に挿入する実用データム形体B（機能ゲージ①）がどのように
なるかを、**図3-57**に示す。この機能ゲージ①のポイントは、データム形体Bと
はまり合う部分の直径が、最大実体実効サイズ（MMVS）のφ10.0の固定直径
であること、この部分の長さが部品板厚10±0.1に対応し、少なくとも10.1mm
以上は確保されていることである。

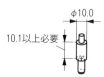

図3-57　機能ゲージ①の例

84

　実用データム形体Bでもある、この機能ゲージ①が、実用データム形体Aに

挿入された状態を、**図3-58**の(a)に示す。この実用データム形体Aの上には、ほかに実用データム形体Cがセットされ、データム形体Bの軸線に対して姿勢を平行に保ちながら、位置が可変できるものである。

実用データム形体Cの表面は、実用データム形体B（機能ゲージ①）の軸直線とは、先の図3-56に示すように、その両者の距離は12mmを真位置として、0.2mmの間に入っていなければならない。つまり、距離が11.9mmから12.1mmの間にあればよい。

対象の部品をセットした状態を図3-58の(b)に示す。ここで、実用データム形体Cの表面を、部品のデータム形体Cと指示した表面とが最大接触するように、幾何公差の公差域の範囲で移動させながら固定する。

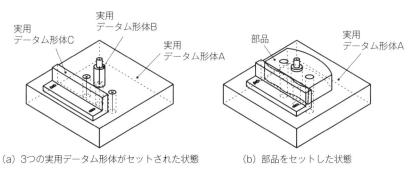

(a) 3つの実用データム形体がセットされた状態　　(b) 部品をセットした状態

図3-58　図面指示例2の実用データム形体

その固定した状態で、**図3-59**に示すように、公差付き形体の2つのϕ6.1の円筒穴が、最悪状態でも最大実体公差の要求を満足しているかの検証に入る。

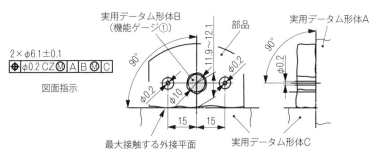

図3-59　2つのϕ6.1の円筒穴の検証例

公差付き形体にも、公差値の後に記号Ⓜが付いているので、指示した幾何公差はサイズに応じて、公差値の値は変化する。この最悪状態に対する検証は、次に示す機能ゲージ②で行えばよい。この機能ゲージ②は、**図3-60**のようなものである。

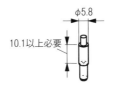

図3-60　機能ゲージ②の例

　この機能ゲージをセットする様子を、**図3-61**に示す。

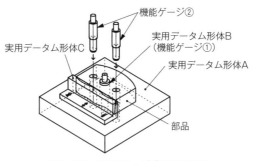

図3-61　機能ゲージ②の設定例

　図3-61に示す図において、機能ゲージ②が、2つの公差付き形体のφ6.1の円筒穴に、スムーズに挿入されれば、要件は満たされていることになる。公差付き形体の円筒穴のサイズがMMCのときと、LMCのときの状態を図で示すと、**図3-62**のようになる。

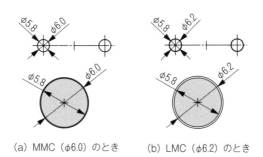

(a) MMC（φ6.0）のとき　　(b) LMC（φ6.2）のとき

図3-62　2つのφ6.1の円筒穴の要件

　なお、公差付き形体のサイズがULSの6.0mmを下回っていないか否かの検証は、限界ゲージを用いて検証するか、あるいは測定を行って、それを下回っていないか確認することになる。

　以上が、データム形体と公差付き形体のいずれにおいても、幾何公差および参照データムの両方に記号Ⓜを適用した場合の結果である。

【補足】

　ここまでは、参照するデータムに記号Ⓜを適用できるのは、その形体が"サイズ形体"の場合だけである、と説明してきた。しかしながら、ASME規格では、参照するデータム形体が平面形体であっても、最大実体公差方式Ⓜを適用できるとして、図例とともに説明されている。それを図面指示例3として紹介し、どのように解釈するのかを見ていきたい。

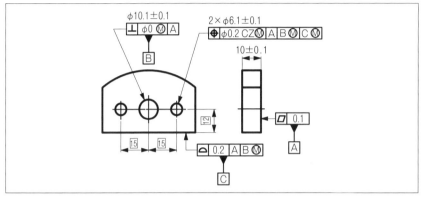

図3-63　図面指示例3

　その図面指示は、**図3-63**に示すものである。先の図面指示例2（図3-53）との違いは、2つの公差付き形体（φ6.1）の円筒穴に対する幾何公差指示において、第3次データムとして参照するデータムCに対して、Ⓜを適用しているところである。

　この部品の検証において、先の図面指示例2と何が違ってくるのかといえば、ただ1つ、公差付き形体の検証におけるデータム形体C、つまりは実用データム形体Cの置き方である。先の図面指示例2では、図3-59で見たように、実用データム形体Cは、指示された幾何公差の公差値の範囲で移動して最大接触するようにした上で、公差付き形体の検証を行った。ところが、こちらの場合の実用データム形体Cの置き方は、**図3-64**のようになる。

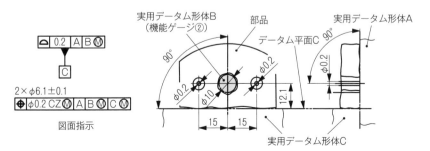

図3-64　ASMEにおけるデータム平面形体CへのⓂ**適用の解釈**

つまり、実用データム形体の表面の位置を、データム軸直線Bからの距離を12.1mmに固定し、その上で、2個の公差付き形体を検証するのである。したがって、部品の仕上がりによっては、このデータム形体Cの表面が、データムB寄りの仕上がり寸法tが、11.9≦t＜12.1であった場合、部品のデータム形体Cの表面と実用データム形体Cの表面は接触しない場合が出てくる。そのようなときには、両者の間隔を全体として均一になるように固定して、検証に臨むということになる。

　この考え方は、データムCの設定に関して、一律に、最大実体実効サイズ（MMVS）に固定した実用データム形体C（機能ゲージともいえる）にて行うというものである。この方法の利点は、実用データム形体の製作と設定が容易になるということである。先の図面指示例2では、実用データム形体Cは、上位の第2次データム（データム軸直線B）に対して、公差値内で可動するようにしなければならなかった。ところが、この方法であると、部品を検証するゲージ自体が、**図3-65**に示すように、非常にシンプルなものですむことになる。検証する側にとっては、非常にありがたい方法ということがいえる。

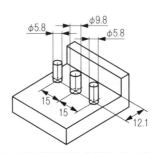

図3-65　図面指示例3を検証するゲージの例

3.1.4　第2次データムが軸直線、第3次データムが中心平面の場合

　第1次データムが平面で、第2次データムが軸直線、第3次データムが中心平面の図面指示も比較的多くある方法である。その典型的な例として、**図3-66**に示すようなものがある。基本的には、いずれも同様な解釈となるが、1つひ

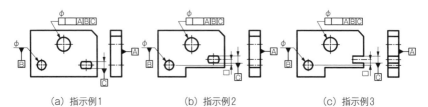

(a) 指示例1　　　　　　　(b) 指示例2　　　　　　　(c) 指示例3

**図3-66　第1次データム：平面、第2次データム：軸直線、
第3次データム：中心平面の例**

とつ見ていこう。

図3-66の(a)指示例1は、第2次データムBの軸直線Bと第3次データムCの中心平面Cとが、水平面上に並んでいる場合である。このタイプの中では、比較的多く使われる指示例である。

図(b)の指示例2は、第3次データムCの中心平面Cが、データムBとは同じ水平面上になく、ある距離だけ片側にオフセットしているものである。

図(c)の指示例3は、指示例2とほぼ同じだが、第3次データムCとして、形状が若干異なるデータム形体Cが中心平面の場合である。

まず、指示例1としての図面指示例を、**図3-67**に示す。

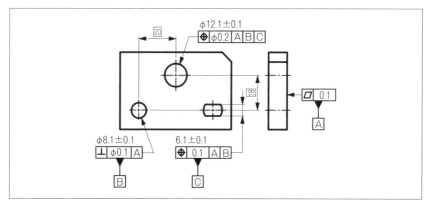

図3-67　図面指示例1

この図面指示例1の場合、第1次データムA、第2次データムBの扱いと解釈は、すでに見てきた例と同じなので、説明は省く。

問題は、第3次データムCの扱いと解釈である。それについて詳しく見ていく。

指示内容の説明の前に、（外殻形体である平行二平面の）誘導形体である中心面の変動とはどのようなものか見てみよう。仮に、まず、データムBの側から見てみる。外殻形体の平行二平面の"中点"が、データム軸直線Bと（図で）同じ高さの位置にあるものの、許容されている幅の公差域内で平行二平面が回転したとする。そのときの状態を示したのが、**図3-68**である。

(a) 中心面が　　　　　　(b) 中心面がデータムBに　　　(c) 中心面がデータムBに
　　データムBと同位置　　　　対して左に回転　　　　　　　対して右に回転

図3-68　データムBの側から見たデータム形体Cの状態

図(a)は、同じ位置にあって全く回転していないときである。図(b)は、同じ位置にあるが、幅の公差内で、左回りに目一杯回転したときである。図(c)は、逆に右回りに最大回転したときの状態を示している。この場合、平行二平面（小判穴）の側から見て、相対的な位置関係を変えずに、図全体を小判穴の中点を中心に回転させて、中心面を水平にすると、図3-68の図(b)と図(c)は、**図3-69**の図（ⅰ）と図（ⅱ）に相当する。つまり、平行二平面の側から見ると、自身の位置がデータムBに対して、中心平面に直角な方向に距離dだけオフセットした位置の関係となっているのである。

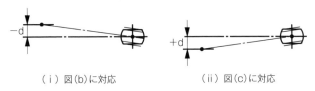

（ⅰ）図(b)に対応　　　　　　（ⅱ）図(c)に対応

図3-69　データム形体C側から見たデータムBの状態

図面指示例1の説明の前に、この"データム中心平面を設定する平行二平面（幅）の形体"について、どのように構成されているのか見てみよう。この形体を拡大してやや誇張して表すと、**図3-70**となる。この中心面の基となるのは、図の上側と下側の実表面である2つの"外殻形体"である。この形体を、規定の判定基準に従って平行二平面を当てはめたものが、"当てはめ外殻形体"である。この2つの平行な"当てはめ外殻形体"から導かれる形体が、中央に位置する"当てはめ誘導形体"であり、これが、データムCとなる"データム中心平面C"である。

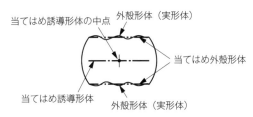

当てはめ誘導形体の中点　外殻形体（実形体）

当てはめ外殻形体

当てはめ誘導形体　外殻形体（実形体）

図3-70　平行二平面（幅）に関する形体

では最初に、データム中心平面Cに対する幾何公差指示の解釈について見てみよう。指示しているサイズ公差の6.1±0.1の意味は、対向する二平面の距離であり、二平面の二点間の距離としての"2点間サイズ"である。一方、位置度0.1の対象となる形体は、図3-70でいえば、"当てはめ誘導形体"である。つまり、「誘導形体である中心平面」に対しての規制を意味している。従って、この状態を先の図3-68の図(a)を使って表すと、**図3-71**のようになる。

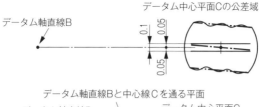

図3-71　データム中心平面Cの解釈

　この場合の位置度の公差域を、この図を使って説明すれば、データム中心平面Cの位置度0.1は、「データム軸直線Bとデータム中心平面Cの中心線Cとを通る平面を基準に、上下に0.05mmの合計0.1mmを間隔（距離）とする平行二平面の間」となる。データム形体Cの幾何公差（位置度）の検証は、これを評価すればよい、ということである。

　ここで大事なことは、「データム軸直線B」と「データム中心平面C」とによって設定される「データム平面」の特定である。そのためには、「データム中心平面C」における「中心線C」を決定する必要がある。

　実際に変動を有する平行二平面の外殻形体を測定して得られるデータ（上側の外殻形体の測得データをPu1～Pu7、下側の外殻形体の測得データをPd1～Pd7とする）について、最小二乗法を用いて平行二平面である"当てはめ外殻形体"を求める。次に、その2つの"当てはめ平行二平面"から"当てはめ誘導形体（中心平面）"を求める。その様子を**図3-72**に示す。

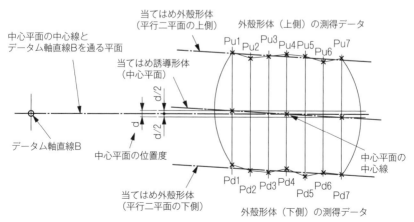

図3-72　測得データからの外殻形体と誘導形体の当てはめ

その求めた"当てはめ誘導形体（中心平面）"の中央に位置する"中心平面の中心線"を特定する。"その中心線とデータム軸直線Bとを通る平面"を決定する。この平面が、位置度の基準となる"真位置"となる。この真位置の平面に対する"当てはめ誘導形体（中心平面）"の偏差は等しく（d/2）、その結果として位置度はdとなる。この値が、図面指示した値（この場合は0.1）内にあれば合格である。

次は、この平行二平面がデータム形体Cと設定されたときの解釈である。つまり、この形体に対して実用データム形体Cはどうなっていればよいかである。この実用データム形体Cとしての要件は、「データム軸直線Bと同一平面上で、データム軸直線Bから所定の"真位置"（別途、図示してあるものとする）の中心線Cを基準として、両側の外殻形体（実形体）の二平面に最大接触するように、均等に拡張する形体」といえる。その状態を表すと、**図3-73**のようになる。したがって、このような実用データム形体Cを製作することになる。拡張する場合の移動量は、当然であるが、位置度の公差値の0.1以内である。

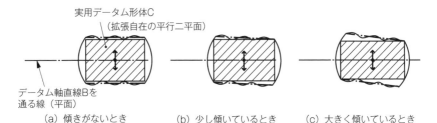

実用データム形体C
（拡張自在の平行二平面）

データム軸直線Bを
通る線（平面）

（a）傾きがないとき　　（b）少し傾いているとき　　（c）大きく傾いているとき

図3-73　実用データム形体Cの要件

以上の結果として、部品中央にある公差付き形体のφ12.1の円筒穴の検証は、**図3-74**のようになる。

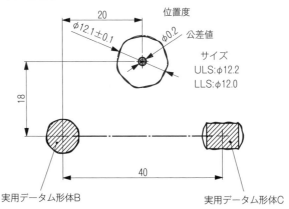

位置度
φ12.1±0.1　　φ0.2　公差値

サイズ
ULS:φ12.2
LLS:φ12.0

20

18

40

実用データム形体B　　　　　　　　　実用データム形体C

図3-74　公差付き形体φ12.1の円筒穴の検証

　　まず、規制対象のφ12.1の円筒穴のサイズの検証は、穴の直径を測ってφ12.0（LLS）からφ12.2（ULS）の間にあるか確認する。次に、位置度公差の検証は、第2次データムBのデータム形体Bであるφ8.1の円筒穴、第3次データムCのデータム形体Cである間隔6.1の平行二平面に、それぞれ最大接触（最大内接）するように拡張する実用データム形体Bおよび実用データム形体Cによって、部品を固定する。その状態で、公差付き形体の円筒穴（φ12.1±0.1）の中心を測定して確認し、その"当てはめ軸直線"が指示した公差内か否か検証する。この場合の円筒穴の軸直線は、特に指示がない場合は、通常は測定データから求めた最小二乗円筒によって得られる"当てはめ軸直線"であり、それが指示した真位置に対して直径0.2mmの円筒形内にあるかを検証する。

　　次の図面指示例2の説明に移る。図面指示例2は、**図3−75**に示すもので、これは適用できるすべての箇所に⒨を用いたものであり、検証に用いる実用データム形体の製作が容易になる利点のあるものとなる。

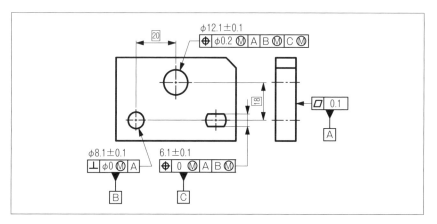

図3−75　図面指示例2

　　まず、データム形体Bとデータム形体Cの検証である。第2次データムBを設定する円筒穴φ8.1については、この場合の幾何公差（直角度）は、穴のサイズが"下の許容サイズ"（LLS）の最大実体サイズ（φ8.0）のときは、直角度はφ0（軸線の倒れは一切許されない）、"上の許容サイズ"（ULS）の最小実体サイズ（φ8.2）のときは、直角度はφ0.2まで許容される。第3次データムCを設定する平行二平面については、こちらも、平行二平面の間隔が"下の許容サイズ"（LLS）の最大実体サイズ（6.0）のときは、位置度は0（中心面の位置と姿勢の変動は一切許されない）、"上の許容サイズ"（ULS）の最小実体サイズ（6.2）のときは、位置度は0.2まで（中心面の位置と姿勢の変動を含めて）許容される。

　　次は、部品中央上部の公差付き形体のφ12.1の円筒穴の検証である。

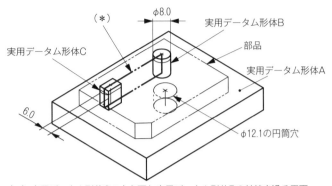

（＊）実用データム形体Cの中心面と実用データム形体Bの軸線を通る平面

図3-76　φ12.1の円筒穴の検証における実用データム形体

部品は、**図3-76**に示すように、実用データム形体Aの上面に垂直に設けられた、直径8.0mmの円筒軸をもつ実用データム形体Bと、幅6.0mmの平行二平面部を有する平行ピンである実用データム形体Cに挿入する。その状態のもとで、φ12.1の円筒穴の位置度の検証を行う。ここで、公差付き形体の円筒穴の動的公差線図を描くと、**図3-77**のようになる。

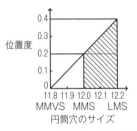

図3-77　φ12.1の円筒穴の動的公差線図

このφ12.1の円筒穴の最大実体実効サイズ（MMVS）は、線図からわかるように、φ11.8である。つまり、この値を直径とする円筒部をもつ機能ゲージを、実用データム形体Aの所定の位置に設けて、それにこの部品が問題なく挿入できれば、このφ12.1の円筒穴は、図面指示している⑩の要求をクリアしていることになる。

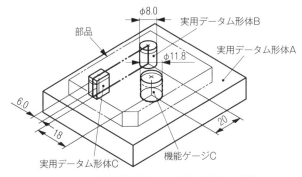

φ8.0

実用データム形体B

部品

φ11.8

実用データム形体A

6.0

20

18

実用データム形体C

機能ゲージC

図3-78　図面指示例2に対する検証の状態

　図3-78を見てわかるように、図面指示例2のように、適用できるところのすべてに⑭を指示することによって、最大実体公差方式の要件を、非常に簡便な形で検証できることを物語っている。

3.2 離れて異なる位置にあるデータム形体

　部品の取り付け位置が、高さの異なる表面の場合のデータムの設定には、ある程度の工夫が必要である。異なる位置の表面の規制をどのようにするのか、それによって規制する公差付き形体への幾何公差指示はどうするか、である。部品例として、**図3-79**のものがあるとする。

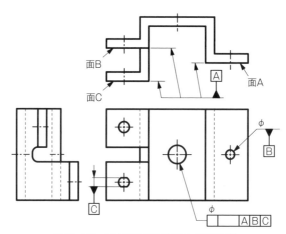

図3-79　取付面に段差がある部品例

　第1次データムとしては、面A、面B、面Cの離れた位置にある面をデータム平面Aにし、第2次データムBを右側の円筒穴の軸直線に、第3次データムCを左下の小判穴の平行二平面の中心面に設定したいというものである。

　この場合の離れた3つの表面は、**図3-80**のような実用データム形体Aで支持することになる。

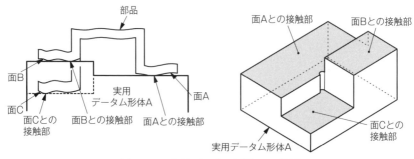

図3-80　実用データム形体Aの状態

このような場合は、この3つの表面に対して、それぞれの距離をTEDで指示し、その上で、その複数形体に対する"面の輪郭度"で規制するという方法が、一般的な方法である。その図面指示例を、**図3-81**に示す。

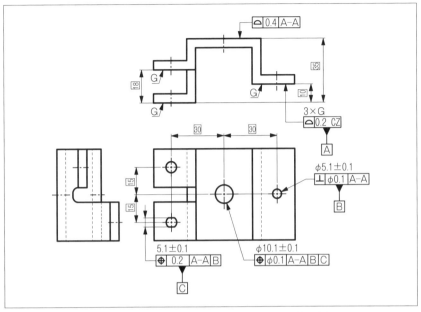

図3-81　取付面に段差がある部品の図面指示例

この場合の指示のポイントは、異なる位置にある表面に対して面の輪郭度公差を用いて、許容する公差域を明確に指示することである。なお、この場合、TEDの基点となるデータム平面Aの位置については、どこを指定しても特に問題はない。

3.3 "ねじ"をデータム形体に指定した場合の 実用データム形体

"おねじ"と"めねじ"を含めて、それをデータム形体に指定することはあまりないが、それでも、指定するケースはある。ここでは、その場合の実用データム形体がどのようなものになるか説明する。図面指示例としては、前の章（2.3.5節と2.4.4節）で取り上げている、**図3-82**に示すM12のねじを例とする。

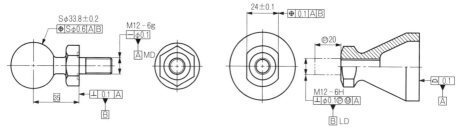

図3-82　ねじの図面指示例

この指示の中で、データム形体とする"ねじ部"に対しては、次のような指示になっている。

（a）おねじのデータム指示例　　（b）めねじのデータム指示例

図3-83　ねじ部をデータムとする指示例

まず、この**図3-83**の図（a）の指示であるが、データム記号Aの右脇の指示"MD"は、おねじの"ねじの外径"をデータム形体とすることを意味している。図（b）の指示での、データム記号Bの右脇の指示"LD"は、めねじの"ねじの内径"をデータム形体にすることを意味している。

次に、それぞれの公差記入枠の上に指示している、"M12-6g"および"M12-6H"の意味を説明する。このM12のねじに関する基本データは、**表3-1**のようなものである。

表3-1　ねじM12に関するデータ

おねじ　M12-6g		
	有効径	**外径**
最大	10.829	**11.966**
最小	10.679	11.701
めねじ　M12-6H		
	有効径	**内径**
最大	11.063	10.441
最小	10.863	**10.106**

(参考：JIS B 0209-2)

　図3-83の指示で、"-6g"と"-6H"は、ともにねじの等級を表していて、これによって、ねじの直径の最大と最小の許容限界を示している。この場合、"おねじ"では外径をデータム形体に、"めねじ"では内径をデータム形体に指示しているので、表の中で"おねじ"は"外径"に、"めねじ"は"内径"に着目する。"おねじ"は外側形体なので、その最大実体状態は、外径が11.966の場合である。一方、"めねじ"は内側形体なので、その最大実体状態は、内径10.106の場合となる。

　これらのことから、先の図3-82における、それぞれの実用データム形体は、**図3-84**のようなものとなる。

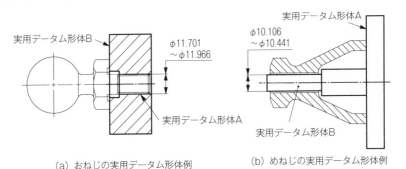

（a）おねじの実用データム形体例　　　（b）めねじの実用データム形体例

図3-84　ねじ部の実用データム形体の例

　いずれの場合も、ねじの山径、あるいは、ねじの谷径に最大接触するように実用データム形体を設定するので、最大と最小の間で実用データム形体の円筒は直径を可変にしなければならない。

　図面指示においては、"おねじ"でも"めねじ"でも、公差付き形体の指示において参照データムに記号Ⓜが付いていないが、もし仮にⓂが付いていた場合は、**図3-85**に示すように、実用データム形体の円筒の直径は固定となり、単純な形状ですむことになる[注]。

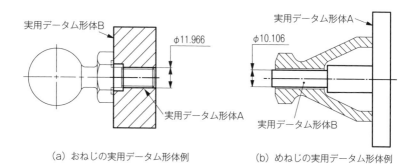

（a）おねじの実用データム形体例 （b）めねじの実用データム形体例

図3-85　ねじ部の実用データム形体の例

（注）図3-82の図(b)のめねじの指示において、"突出公差域"の指示がされているが、この公差域を検証するゲージは、図3-84および図3-85のそれぞれ図(b)で示す実用データム形体ではないことに注意する。

3.4 Ⓜを適用した場合の様々な実用データム形体

最大実体公差方式Ⓜを適用する主たる目的は、穴部品と軸部品とのはめあい
を支障なく達成させることにある。それによるメリットは、いちいち測定しな
くても、"機能ゲージ" を含む実用データム形体を用いて検証できることによ
る経済的有用性にある。

3.4.1 参照するデータムのタイプによる実用データム形体の違い

まず、最初に、部品における1つの形体に対する幾何公差指示において、参
照するデータムの指定の違いにより、実用データム形体（機能ゲージ）がどの
ように異なってくるか見てみよう。

対象の部品としては、**図3-86**に示すものとする。

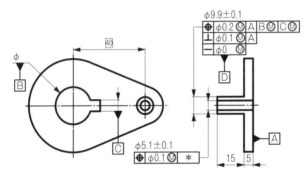

図3-86　参照するデータムの違いにより異なる実用データム形体の例

この部品の端には、外側形体と内側形体が同軸上にあるスリーブ状の形体が
ある。外側形体のφ9.9の円筒軸に対しては、位置度、直角度、真直度が、図の
ように指示されている。一方、内側形体のφ5.1の円筒穴には、Ⓜ付きの位置度
φ0.1が指示されているが、参照するデータムについては、未定となっている。

ここで検討するのは、この参照するデータム区画の中に、どのような指示が
なされたとき、検証のための実用データム形体（機能ゲージ）がどのようにな
るか、ということである。データム形体A、B、そしてCに対して、幾何公差
指示した図面指示にすると、**図3-87**のようになる。このもとで検討すること
にしよう。

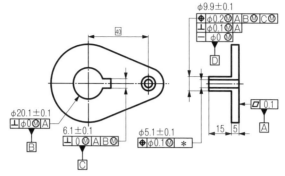

図3-87 φ5.1の円筒穴に対する参照データムの候補

このデータム区画の中に指示される候補としては、次のようなものが考えられる。

候補① ⊕ φ0.1Ⓜ DⓂ
候補② ⊕ φ0.1Ⓜ A DⓂ
候補③ ⊕ φ0.1Ⓜ A BⓂ DⓂ

では、まず、候補①について見てみよう。それを盛り込んだ図面指示が、**図3-88**である。

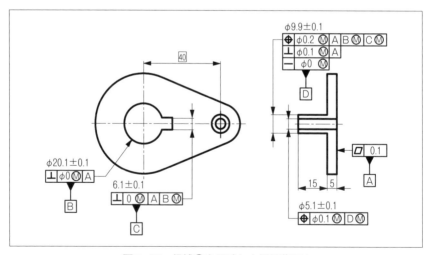

図3-88 候補①を反映した図面指示1

検討対象のφ5.1の円筒穴は、参照するデータムはφ9.9の円筒軸の軸直線であり、Ⓜが適用されたデータム形体Dである。このφ5.1の円筒穴は、見ての通り、公差値にも、参照するデータムDのいずれにも記号Ⓜが付いている。規制するこのφ5.1の円筒穴に対する解釈は、次のようになる。

円筒穴は、いかなる場合にも、φ4.9（＝5.0－0.1＝MMS－位置度公差）の包絡面の境界を越えて内部に入り込むことはできない。また、このとき参照するデータム形体Ｄは、真直度φ0（一切軸線の曲がりのない）の直径10.0（＝10.0＋0＝MMS＋真直度公差）の円筒穴である。この状態を実証するのが、この場合のφ5.1の円筒穴を検証する機能ゲージとなる。それを表したのが、**図3-89**である。このゲージが、外径φ9.9と内径5.1の形体に問題なく挿入できれば、図面指示を満たしているということである。

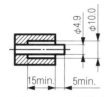

図3-89　図面指示1におけるφ5.1の円筒穴に対する機能ゲージ例

では、次に候補②について見てみよう。それを盛り込んだ図面指示が、**図3-90**である。

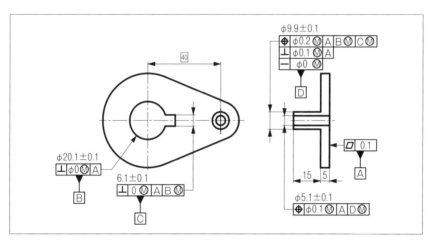

図3-90　候補②を反映した図面指示2

こちらの図面指示2は、φ5.1の円筒穴に対しての幾何公差指示で、参照するデータムが、第1次データムがデータム平面Ａとなっていて、第2次データムとして、先の図面指示1で第1次データムと指定していたデータム形体Ｄである。

したがって、このφ5.1の円筒穴の軸線には、データム平面Ａに対する直角度を満たしていることが、まず求められる。それをどのように解釈するかであるが、参照する第2次データムＤが意味をもってくる。参照するこのデータムＤは、直角度が⒨付きのφ0.1となっている。この意味は、φ9.9の円筒軸に対して

は、データム平面Aに直角に立てた直径10.1（＝10.0＋0.1＝MMS＋直角度公差）の円筒穴に問題なく挿入できなければならない、ということである。その上で、φ5.1の穴自体は、先ほどと同様に、直径4.9の円筒軸に問題なく挿入できなければならない。それを実証するものが、この場合の実用データム形体（機能ゲージ）ということになる。それを、**図3-91**に示す。

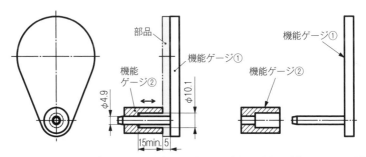

（a）機能ゲージ①と機能ゲージ②による検証　（b）機能ゲージ①と機能ゲージ②

図3-91　図面指示2におけるφ5.1の円筒穴に対する機能ゲージ例

検証方法としては、機能ゲージ①に部品を挿入し、その後で、機能ゲージ①のφ4.9の軸に機能ゲージ②を挿入することによって行うことになる。

では、最後に候補③について見てみよう。それを盛り込んだ図面指示が、**図3-92**である。

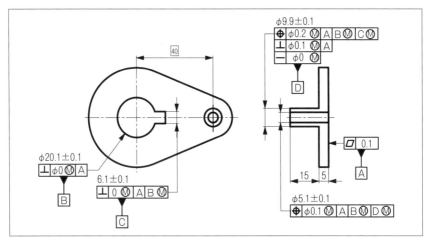

図3-92　候補③を反映した図面指示3

先の図面指示2との違いは、先の指示では第2次データムとして参照していたデータムDが第3次データム指示に代わり、新たな第2次データムとして、データム軸直線Bが⑩付きで指定されたことである。この意味は、φ5.1の円筒

穴に対して、データム平面Aに直角であることに加えて、データム軸直線Bからの真位置も適用するということである。つまり、この指示によって、この円筒穴は、データムA、データムB、そしてデータムDによるデータム系に対する位置度公差を要求しているということである。

したがって、このφ5.1の円筒穴は、データム平面Aに対して直角に、かつデータムBから距離40の位置に設けた直径4.9の円筒軸に問題なく挿入できることが要求される。さらに、このφ4.9の円筒軸には、直径10.2（＝10.0＋0.2＝MMS＋位置度公差）の円筒穴を同軸上に設けたゲージが問題なく挿入できなければならない。つまり、この場合も、2つの機能ゲージが必要であり、それは**図3-93**に示すようなものになる。

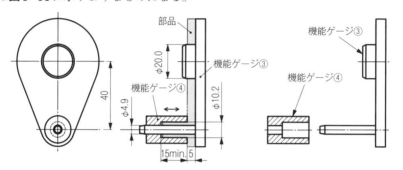

(a) 機能ゲージ③と機能ゲージ④による検証　　(b) 機能ゲージ③と機能ゲージ④

図3-93　図面指示3におけるφ5.1の円筒穴に対する機能ゲージ例

検証方法としては、機能ゲージ③に対して部品のφ20.1とφ5.1の2つの穴に問題なく挿入するか確認し、その上で、機能ゲージ③のφ4.9の軸に機能ゲージ④を挿入することによって行うことになる。

最後に、候補①から候補③、つまり、図面指示例1から指示例3までにおけるデータム形体Dの満たすべき境界の結果をまとめると、**表3-2**のようになる。

表3-2

指示例	幾何公差指示	データム形体Dの境界
候補①	⊕ φ0.1Ⓜ DⓂ	10.0＋0＝10.0
候補②	⊕ φ0.1Ⓜ A DⓂ	10.0＋0.1＝10.1
候補③	⊕ φ0.1Ⓜ A BⓂ DⓂ	10.0＋0.2＝10.2

3.4.2　複数のはめあい箇所がある場合の実用データム形体

ここでは、複数の相手部品との間に、いくつかのはめあい箇所があり、そこにⓂを適用した図面指示において、その実用データム形体（機能ゲージを含めて）がどのようなものになるかを見ていく。

まず、この場合の部品構成を、**図3-94**に示すものとする。この例では、主

役の部品Aとその取付基板となる部品B、部品Aに対してねじ締結される部品Cと部品D、そして部品Aに、上方から組付けられる部品Eの5つの部品とから構成されている。

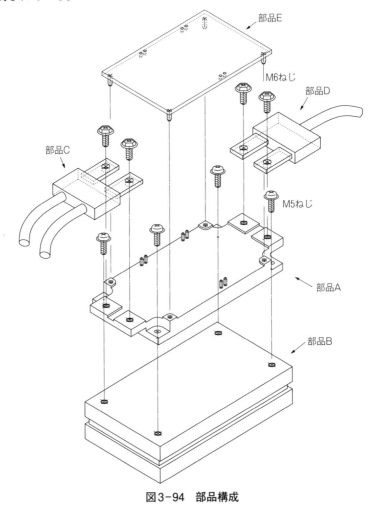

図3-94　部品構成

　部品Aは、部品構成の取付け基礎となる部品Bに対して、4本のM5ねじによって固定される。また、この部品Aの両側に設けられた4か所のねじ穴に、部品Cと部品Dが、それぞれ2本のM6ねじによって固定される。さらに、板状の部品Eが4本の円筒ピンを案内役として、部品Aに挿入し固定される。その際、部品Aに設けてある6本のピンが部品E側の対応する穴に挿入される。

　ここでは、部品Aについての図面指示がどのようになるのかを明らかにする。この場合、幾何公差指示において、まず、全く⑩を適用しない一般的な図面指示1を、**図3-95**に示す。

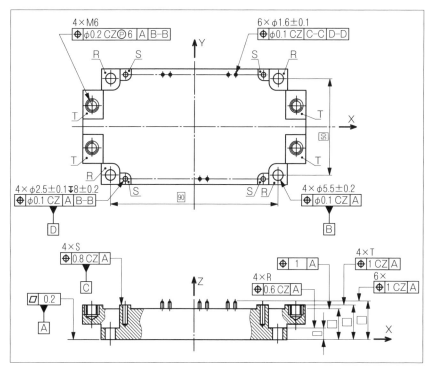

図3-95　図面指示1

　この部品Aは、基本的に、2つのデータム系から構成されている。

　その第1のデータム系は、下面図における下側の面をデータム平面Aとし、これは平面度0.2が指示された平面形体であり、これが第1次データムとなる。このデータム平面Aを参照する、4つの円筒穴（φ5.5）の軸直線によって、"共通データムB-B"が設定される。この結果、第1のデータム系、|A|B-B|が設定される。この場合は、指示としては第2次までのデータム指示ではあるが、第2次データムと第3次データムが設定されることになり、データム系（三平面データム系）が完成する（**図3-96**参照）。

　第2のデータム系は、第1次データムを識別文字Sで示す4か所の平面形体とし、"共通データムC-C"を設定している。第2次データムは、その識別文字Sで示す面に設けられた4つの円筒穴（φ2.5）の軸直線によって設定される"共通データムD-D"である。この場合も、指示としては第2次までのデータム指示ではあるが、第2次データムと第3次データムが設定されることになり、データム系（三平面データム系）が完成する。これにより設定される第2のデータム系は、|C-C|D-D|である（**図3-97**参照）[注]。

　[注] この場合、第1のデータム系でも、第2のデータム系においても、いずれの平面が第2次データム平面か、第3次データム平面かの特定はできない。

これら2つのデータム系は、4つの軸直線の中央に位置する交線を共有する直交二平面とデータム平面Aの3つの平面からなる三平面データム系であり、見かけ上は、ほぼ重なった形になっている。部品内の各規制形体は、この2つのデータム系からTEDによって真の位置を指定されているが、この図面指示

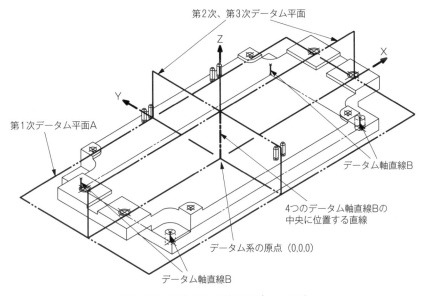

第2次、第3次データム平面

Z

X

Y

第1次データム平面A

データム軸直線B

4つのデータム軸直線Bの中央に位置する直線

データム系の原点（0,0,0）

データム軸直線B

図3-96　設定される第1のデータム系

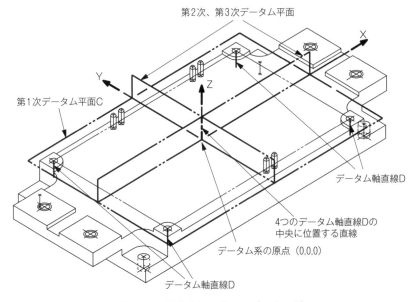

第2次、第3次データム平面

X

Y

Z

第1次データム平面C

データム軸直線D

4つのデータム軸直線Dの中央に位置する直線

データム系の原点（0,0,0）

データム軸直線D

図3-97　設定される第2のデータム系

では一部を明示しているが、多くは省略している。

この図面指示では、公差付き形体が指示した公差内にあるか否かは、すべて測定によって検証されるものとなっている。

この2つのデータム系をわかりやすく示したのが、図3-96と図3-97である。

図面指示1に対して、**図3-98**に示す図面指示2は、適用できる箇所に、参照するデータムを含めて、すべて記号Ⓜを適用した、つまり、最大実体公差方式を用いた図面指示である。この指示によって、はめあい箇所に対して、必ずしも測定して検証するのではなく、ほとんどを適切なゲージ類による検証ですますことができる。

第3章 データム形体と実用データム形体

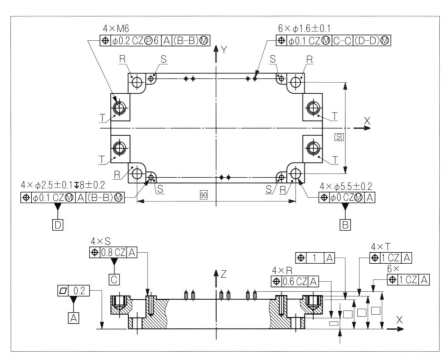

図3-98　図面指示2

この図面指示2において、記号Ⓜを適用した箇所を具体的に説明すると、次のようになる。

まず、第1のデータム系であるが、第1次データム平面Aは先の図面指示1と同じで変わりはない。第2次データムを構成する4か所のφ5.5の円筒穴であるが、これに対してゼロ幾何公差方式（ゼロ位置度公差方式）が適用されている。これは、穴のサイズが5.3（MMS）のときは位置度φ0、穴のサイズが5.7（LMS）のときは位置度φ0.4を要求するものである。この4つの円筒穴の軸直

線をデータムBとしているので、結果として、"共通データム平面B–B"が設定される。この時点では、設定されるデータム系は、先の図3-96で示したものと同じである。このデータム系の下で、4か所のφ2.5の不貫通穴、および4か所のM6ねじが規制されている。このいずれもが、第2次で参照している"共通データム平面B–B"に対して、記号Ⓜを適用している。つまり、データム形体Bの円筒穴に対しては、直径5.3（＝5.3－0＝MMS－GT）に固定した円筒軸（ピン）とする機能ゲージによる検証ですますことができることを意味している。この直径5.3は、最大実体実効サイズ（MMVS）を表している。

　次に、第2のデータム系であるが、基本的に、図面指示1と同じである。ただし、第2次データムを構成する4か所のφ2.5の不貫通穴であるデータム形体Dであるが、これもデータム参照において、記号Ⓜが適用されている。したがって、データム形体Dの円筒穴に対しては、直径2.3（＝2.4－0.1＝MMS－GT）に固定した円筒軸（ピン）とする機能ゲージによって検証できる。この直径2.3も、最大実体実効サイズ（MMVS）を表している。

　一方、6つあるφ1.6の円筒ピンについては、最大実体実効サイズ（MMVS）である直径1.8（＝1.7＋0.1＝MMS＋GT）に固定した円筒穴とする機能ゲージによって検証できる。

　これらを含めて機能ゲージ全体の構成を示すと、**図3-99**のようになる。

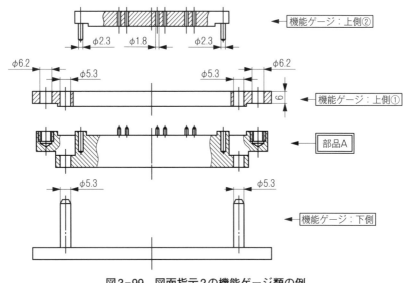

図3-99　図面指示2の機能ゲージ類の例

　まず、部品Aの4つのφ5.5の円筒穴を"機能ゲージ：下側"の4つのφ5.3の円筒ピンに挿入し、機能ゲージの表面に接触するまで下げる。この操作が問題なくすめば、部品Aのデータム形体Bとした4つのφ5.5の円筒穴の検証はすん

だことになる。

　その上で、"機能ゲージ：上側①" の4つのφ5.3とした円筒穴を、"機能ゲージ：下側" の対応するφ5.3の円筒ピンに挿入する。その後で、4個のM6ねじ穴についての検証をすることになる（後述）。

　これとは別に、"機能ゲージ：上側②" のφ2.3のピンを、部品Aのデータム形体Dとした4つのφ2.5の不貫通穴に挿入する。この操作の中で、"機能ゲージ：上側②" に設けた6つのφ1.8の円筒穴にφ1.6の円筒ピンが支障なく挿入できれば、検証はほぼ終えたことになる[注]。

　　（注）図3-99で示した機能ゲージ類のうち、"機能ゲージ：上側①" の中央部をくり抜いた
　　　　　形にしているのは、"機能ゲージ：上側①" が部品Aにセットされた状態でも、"機能ゲー
　　　　　ジ：上側②" が使用できるように配慮したものである。上側①と上側②の機能ゲージを、
　　　　　それぞれ別々に使用することを前提にすれば、"機能ゲージ：上側①" の中央部は、部品A
　　　　　の6つのφ1.6のピンを回避する形にするだけでよい。

　ここで残っている "機能ゲージ：上側①" を用いた、M6ねじ穴の検証について説明する。4個のM6ねじ穴に対しては、"突出公差域" Ⓟを適用した指示になっていので、この場合の位置度の公差域は、**図3-100**のようになる。

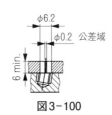

図3-100

　この場合の公差域は、M6のねじ穴の形体の内部ではなく、その表面から6mmまで突き出た高さ（長さ）における領域（指示したねじの外側）で要求されるものとなる。ねじの被締結部品である上側の部品（部品Cと部品Dの該当部）は、データム平面とした下の面に直角な直径6.2の円筒面を、いかなる場合にも侵害してはならない。

　このねじ穴の検証は、**図3-101**に示すような「ねじピンゲージ」を用いる。このねじピンゲージを "機能ゲージ：上側①" のφ6.2の円筒穴を通して4か所あるM6のねじ穴に対して、支障なくねじが入れば合格である。

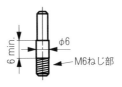

図3-101　ねじピンゲージの例

この図面指示2における、4個あるφ5.5の円筒穴、同じく4個あるφ2.5の円筒穴、それに6個あるφ1.6の円筒ピン（軸）のそれぞれの動的公差線図は、**図3-102**に示すものとなる。

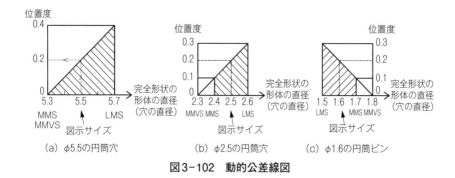

（a）φ5.5の円筒穴　　　　（b）φ2.5の円筒穴　　　　（c）φ1.6の円筒ピン

図3-102　動的公差線図

　この3つの動的公差線図から、部品Aにおいて検証に用いる機能ゲージの寸法が、いずれも線図で示すMMVS、つまり最大実体実効サイズになっていることがわかる。

　部品Aに関して図面指示2が示された場合、それを取り巻く部品Bから部品Eまでについての「はまり合う」か否かの検証は、上記のように、3つからなる検証のための機能ゲージ、および、ねじピンゲージ等を含めた実用データム形体によって行うことができることを示している。

　また、さらにいえば、はまり合う相手の部品Bから部品Eのはめあい箇所の設計において、図3-102に示す"動的公差線図"を参考にして、公差設計を行うことになる。これは、検証のための機能ゲージの設計においても同様である。そこでの設計のポイントも、MMVS、つまり最大実体実効サイズを判断基準とすることにある。

【補足】突出公差域Ⓟを適用した図面指示に関して

突出公差域の考え方は、先の図3-100に見るように、公差付き形体のねじ穴の形体内ではなく、その一方の面からある長さ分だけ突き出した領域における「侵害が許されない境界面」(この例では直径6.2mmの円筒面)の確保を要求するものである。その意味からすると、突出公差域を適用した指示においても、"最大実体状態における境界面を要求するⓂの考え方"が含まれているとみなすことができる。

図3-103において、(a)の指示例1で示すのは、先にあげた図面指示2(図3-98)のものである。(b)の指示例2は、現在のASME規格による指示方法である。ASMEでは、記号Ⓜと記号Ⓟを併記する規則を採用している。今後、ISO規格においても、記号Ⓜと記号Ⓟを併記する規則に変更する場合の指示方法としては、(c)の指示例3で示す方法が採り入れられる可能性がある。参考として提示する(注)。

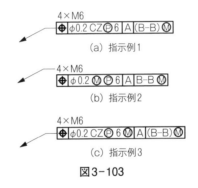

(a) 指示例1

(b) 指示例2

(c) 指示例3

図3-103

(注) 図(c)の指示例3において、記号Ⓜと記号Ⓟの順序に関して、記号Ⓜを最後にもってきているのは、ISO 1101:2017の規定に従ったものである。

データム指示と
設定されるデータム系

この章では、一般的な形のデータム形体や、やや特異な形の
データム形体などにおいて、標準的に設定されるデータム系が
どのようなものになるかを示す。また、データムに指定する
データム形体の中には、必ずしもそれが"1つだけのデータム"
を示すものでないものがある。それらについて、設計意図に合
うように変更する方法がどうなるか、などについて説明する。

4.1 指示するデータム形体によって設定される データム系

4.1.1 直交する一般的なデータム形体の場合

部品において、ある形体を「データム形体」として指示したとき、その部品における「データム系」がどのようになるのかを考えてみよう。

具体的な部品例としては、**図4-1**に示す部品Aとする。

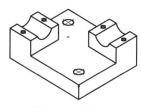

図4-1　部品A

この形状の部品Aの用途を想像すると、この部品の底面を、ベースとなる相手部品の表面に密着させ、2本の締結部品（ねじ、またはボルト）で固定し、**図4-2**に示すように、この部品上の直交した2つの半円筒の曲面に、パイプ（円管）などの部品を固定して支持する部品が考えられる。

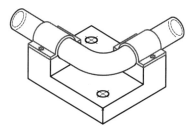

図4-2　部品Aの上部に取り付けられる部品

その場合、この部品のベースとなる相手部品へ固定して支持する方法としては、一般的には、次のものが考えられる。この部品Aの底面を相手部品Bの表面に接触させ、直角になった2つの面を相手部品Bの所定の部材に接触させ、固定するものである。

この場合の相手部品Bの形状としては、**図4-3**の(a)のようなものが考えられ、部品Aを組立た状態は、図4-3の(b)のようになる。

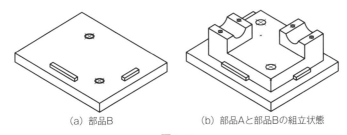

(a) 部品B　　　　　　　　(b) 部品Aと部品Bの組立状態

図4-3

　さらに、図4-3(a)の相手部品Bに対して、部品Aの組立における基準とする面を、**図4-4**のようにしたいとしよう。

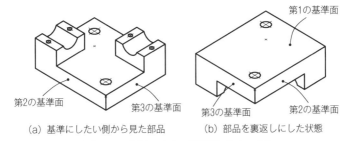

(a) 基準にしたい側から見た部品　　　(b) 部品を裏返しにした状態

図4-4　部品Aとして基準にしたい面

　この部品の基準面を、図4-4に示すような優先順位で、相手部品に固定するということは、組立の手順としては、**図4-5**に示すことを要求していることになる。

　まず、図4-5の図(a)では、部品Aの第1の基準とした底面を相手部品Bの表面に載せる。次に、図(b)に示すように、部品Aの底面を密着させた状態のまま、部品Aを左側に移動させ、部品Aの第2の基準の面を部品Bの凸部の面に接触させる。最後は、その接触を維持したまま、図(c)のように、部品Aの第3の基準の面を部品Bの短めの突起の面に接触するまで移動させる。この操作によって、部品Aの3つの表面は、相手部品Bの3つの表面に密着することになる。この結果、この部品Aの相手部品Bとの位置についての相対関係が固定される。

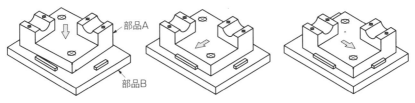

(a) 第1の基準を接触させる　　(b) 第2の基準を接触させる　　(c) 第3の基準を接触させる

図4-5　部品Aの部品Bへの組立手順

このように、部品Aを相手部品Bに位置付けることを意図している場合、この部品Aの図面として、部品Bに対する位置関係の決定に必要な要件だけを表した図面指示例は、**図4-6**のようになる。その2D図面を図(a)に、3D図面を図(b)に示す。

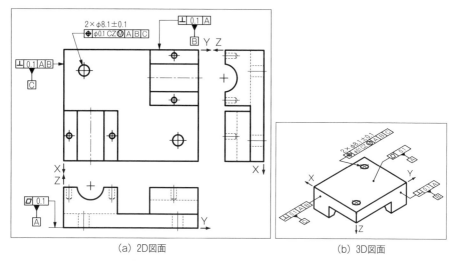

(a) 2D図面

(b) 3D図面

図4-6　部品Aの図面指示例　(注)TED指示は省略されている

図4-6の図面指示によって、この部品のもっている6自由度が、どのように拘束されているか見てみよう。その様子を示したのが、**図4-7**である。

この図の(ⅰ)の状態では、部品Aの6自由度のうち、拘束されるのは、部品上下方向の並進の自由度1つ、部品の直交2方向の軸回りの回転の自由度2つの計3つとなる。

次の図の(ⅱ)の状態では、1方向の並進の自由度1つ、部品上下方向の軸回りの自由度1つの計、2つである。

最後の図の(ⅲ)の状態では、残っている1方向の並進の自由度1つである。

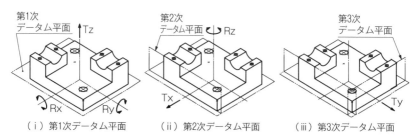

（ⅰ）第1次データム平面　　（ⅱ）第2次データム平面　　（ⅲ）第3次データム平面

図4-7　部品の持つ6自由度の拘束の状態

以上によって、この部品Aが有している6自由度のすべてが拘束され、つまりは、相手部品Bに固定されることになる。

図4-7の（i）の状態では、第1次データム平面が設定されることを意味し、それによって拘束される自由度は、並進のTz、回転のRx、Ryである。図（ii）の状態では、第2次データム平面が設定されて、並進のTx、回転のRzの自由度が拘束される。図（iii）の状態において、第3次データム平面が設定され、最後に残った並進のTyの自由度が拘束され、部品Aが有する6自由度の全てが拘束される、ということになる。

以上に見たように、図4-6のような図面指示をすることにより、この部品Aに対して、部品のどこを基準（別の言葉でいえば、"データム"）にして、部品をどう拘束し、その上で、どのような検証をして、設計要求を満たしているかの合否判定してほしい、ということを表している。

4.1.2　傾斜した平面がデータム形体の場合

データム形体の一部が、直交していなくて、ある角度をもった関係にある場合、そのデータム系がどのようになるか見てみよう。

例としては、**図4-8**に示す部品としよう。見ての通り、第3次データムのデータム形体Cは、第1次データムのデータム形体Aに対しては直角になっているものの、第2次データムに設定したデータム形体Bとは60°の角度の傾斜した関係にある。

データム系としては、データムの優先順位とともに、図の右下に示すように、|A|B|C| を要求している。

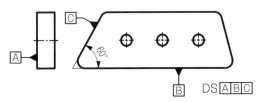

図4-8　直交していないデータム形体のある部品

この場合の図面指示は、**図4-9**のようになる。図示からわかるように、データム系の原点は、データム形体Bと斜めのデータム形体Cの交わった位置となる。そこからTEDが指示される。

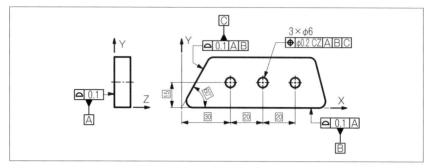

図4-9　図面指示例

（注）この図面指示では、第1次データム形体Aへの幾何公差指示と、第2次データム形体Bへの幾何公差指示のいずれも"面の輪郭度"で指示しているが、それぞれ、平面度指示、直角度指示であってもよい。

図4-9の図面指示によるデータム系（三平面データム系）を図示すると、**図4-10**のようになる。データム平面Cが第3次データム平面ではないところが、この場合のポイントである。

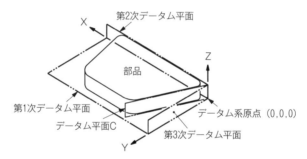

図4-10　図4-9によって設定されるデータム系

データム形体として、平面、円筒形、そして平行二平面などを指定する一般的な場合は、"設定形体" が、ただ1つだけ決まるので、特に問題はないが、データム形体によっては、複数の "設定形体" が存在し、それを特定する場合も出てくる。そのような場合、どのような指示をするかについて、ここでは取り上げる。

"設定形体" はISO規格の用語で、Situation featureの訳である。その定義としては、「形体の位置や姿勢、あるいはその両方を決める点、直線、平面、らせん」となっている。なお、ASME規格にはない用語である。

データム形体が平面形体の場合は "平面"、円筒形体の場合は "直線"、平行二平面（幅）の場合は "平面" が、それぞれ "設定形体" であり、1つだけ決まる。しかしながら、次の**図4-11**に示すようなデータム形体の場合、2つ以上

タイプ	データム形体	設定形体の状態	設定形体のタイプ
(a) 円すい	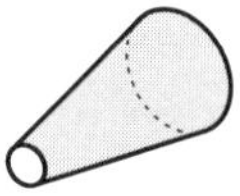	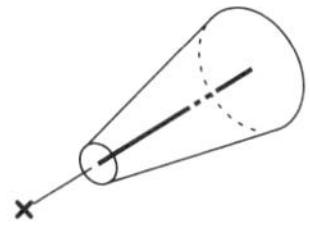	点　[PT] 直線 [SL]
(b) 矩形	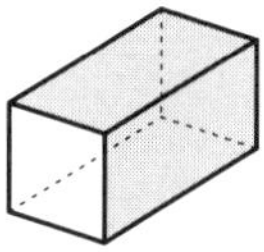	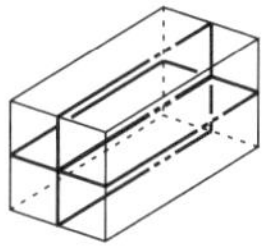	直線 [SL] 平面 [PL] 平面 [PL]
(c) 長円	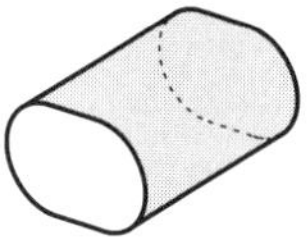	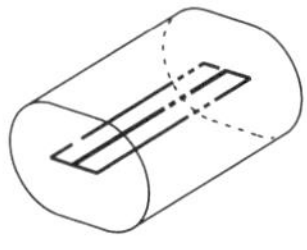	直線 [SL] 平面 [PL]
(d) 小判	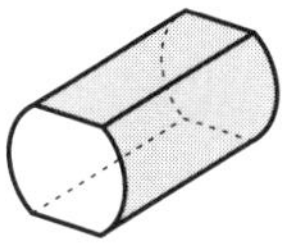	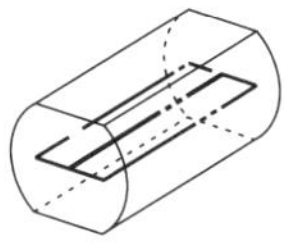	直線 [SL] 平面 [PL]
(e) 複合	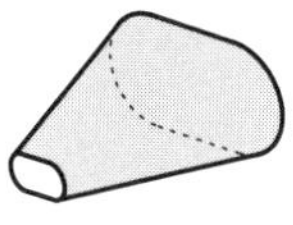	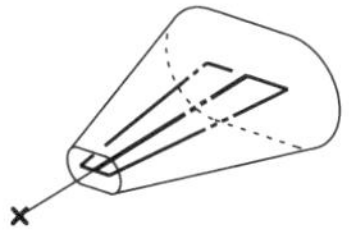	点　[PT] 直線 [SL] 平面 [PL]

図4-11　"設定形体" が複数存在するデータム形体の例

(注) この図の "タイプ" の名称は、"データム形体" を必ずしも表現するものとはなっていない。"データム形体" の図で、灰色に塗った部分の全周を "データム形体" と理解されたい。

の"設定形体"が存在する。そのすべてをデータムとするのか、その中の1つをデータムとするか、指定すべきケースが出てくる。

4.2.1 円すい形体がデータム形体の場合

円すい形体をデータムに設定した場合、第2章の2.2.2節の図2-17で示したように、そのままでは、設定されるデータムは、データム軸直線とデータム点の2つである。つまり、設定形体は、"直線"と"点"の2つとなる（**図4-12**）。

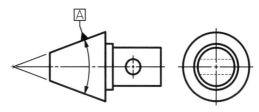

図4-12　円すい形体へのデータム指示

円すい形体をデータムに設定した図面指示例は、**図4-13**のようになる。

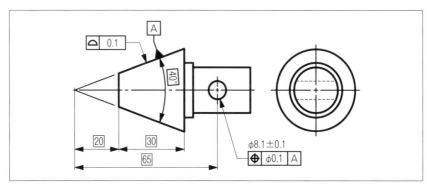

図4-13　標準の場合の指示例

このように指示しただけでは、設定されるデータム系は、**図4-14**のようになる。したがって、基本的には、TED指示も"データム点"と"データム軸直線"を基準とした指示になる。つまり、設定形体としては、"点"と"直線"が、そのまま指定されていることになる。

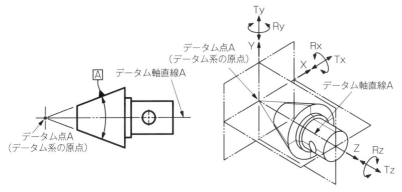

図4-14　図4-13で設定されるデータム系

　仮に、設計意図として、"データム点"、つまり設定形体の"点"は無視して、"データム軸直線"である設定形体の"直線"のみを生かしたい場合は、特別な指示をしなければならない。その指示例は、**図4-15**のようになる。

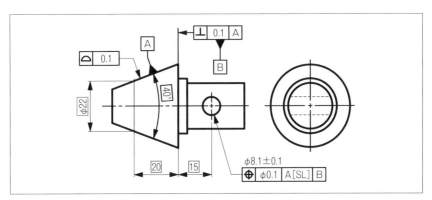

図4-15　特定の場合の指示例

　つまり、参照するデータムAに対して、円すい形体の"データム軸直線"のみを生かすことを、記号"[SL]"で表す。Straight line の頭文字を大文字にして、大括弧でくくって表す。これはISO規格の規定であり、設定するデータムとしては設定形体の"直線"のみを採用することを意味する。図4-15では、データム軸直線A（設定形体"直線"）に直角の平面を、第2次データム平面Bに指定しているので、この場合のデータム系は、**図4-16**のようになる。

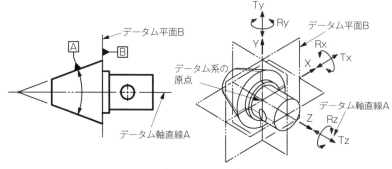

図4-16　特定の場合のデータム系

（注）ASME規格では、別の記号指示を採用しているので、注意が必要である。

【**参考**】図4-15の図面指示に対応するASMEの指示方法を、**図4-17**に示す。なお、図は意味を変えない程度に、データム形体Bの指示を改変してある。

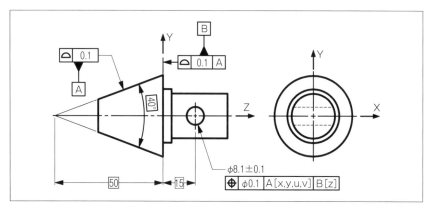

図4-17　図4-15に対応するASMEの指示方法

（注）記号x、y、z、u、vについては第2章の2.2.1節の図2-16を参照のこと。また"データム形体A"に対する指示も、ISO規格とは異なる指示となっているので、注意する。

4.2.2　小判形など円すい形体以外のデータム形体の場合

　データム形体において、設定形体が複数存在するケースで、円すい形体以外の場合に、どのような指示になるか見てみよう。

　断面の形状が小判形をしたデータム形体の場合を見てみよう。

　このようなデータム形体に指定した場合、先の図4-11で見るように、一般には、その設定形体には、"直線"（中心線）と"平面"（中心平面）を指定したことを意味するので、位置と姿勢の自由度が拘束される。しかし、設計要求とし

て、位置のみ、あるいは、姿勢のみ機能させたい場合がある。

　ここでは、「位置のみを拘束し、姿勢は拘束しない」場合の指示方法について取り上げる。例として、**図4-18**に示す部品とする。

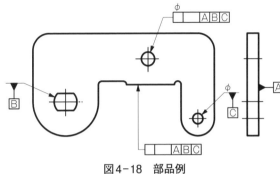

図4-18　部品例

　部品（図4-18）の場合、第2次データムに指定している"設定形体"は、部分円筒の中心線（軸直線）と平行二平面の中心面（中心平面）なので、位置（並進）と姿勢（回転）の自由度を拘束する機能をもっている。この場合の設計意図としては、姿勢（回転）の拘束は、第3次データムCとして指定している円筒穴の軸線（軸直線）に任せたいというものである。その場合の図面指示は、**図4-19**のようになる。

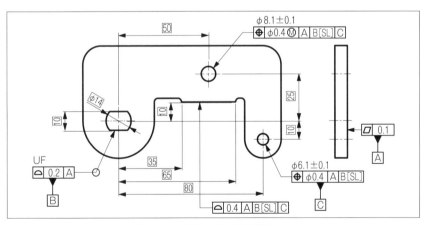

図4-19　図4-18の図面指示例

　データム形体Bは、この位置におけるデータム軸直線Bとしての機能（つまり、データム平面Aに直角である直線としての機能）だけをもたせ、この軸直線を中心とした部品の姿勢（回転）の拘束は、データム軸直線Cが行うものである。このデータム系を参照して規制する2つの形体、φ8.1の円筒穴とTED10

上側にオフセットした平面（幅TED30）に対する指示で、参照データムのデータム区画のデータムBに対して、記号［SL］を追記することで、データム形体Bについてはデータム軸直線である"直線"（SL：Straight line）を"設定形体"にしたことを表している。

この場合、設定されるデータム系がわかりにくいので、"データム座標系"を明示した図面指示にすることが好ましい。それは、**図4-20**のように、記号X、Y、Zと矢印による指示を加えたものである。

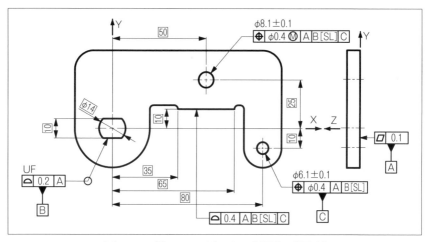

図4-20　図4-19のデータム座標系の指示例

ちなみに、データム形体Bに設定される実用データム形体は、この小判形の外殻形体に最大接触するようにはまり合う状態にするものの、この小判形の軸直線（直線）を中心に回転自在に支持する構造であることが要求される。

なお、データム形体に対して、このように特定の"設定形体"を指定して、それに関係する拘束のみを要求する場合は、**図4-21**のようになっている。

B[SL]	B[PL]	B[PT]
(a) 直線のみを残す場合	(b) 平面のみを残す場合	(c) 点のみを残す場合
SL：Straight line	PL：Plane	PT：Point

（注）指定の設定形体を残す場合の指示例

図4-21

　部品によっては、データム形体の指示によって標準的に設定されるデータム系とは異なるデータム系、およびデータム座標系を指定したい場合がある。ここでは、その場合の、設計意図に沿ったデータム系の変更の仕方について説明する。

　それは、**図4-22**のような部品例の場合である。

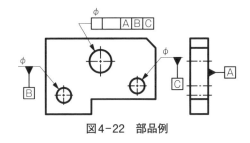

図4-22　部品例

　この部品例では、第3次データムCが第2次データムBに対して、図面で水平方向にはない例である。データム形体BとC、それに1つの規制形体（φ12.1の円筒穴）に対して、必要なサイズ公差と幾何公差の指示をすると、**図4-23**のようになる。

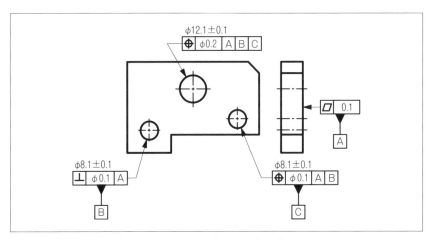

図4-23　部品例（図4-22）の指示例

　それぞれの形体の真位置が、非表示だがCADデータなどで別途指定されているとしても、このように指示した場合の"標準としてのデータム系"は、**図4-24**のようになる。

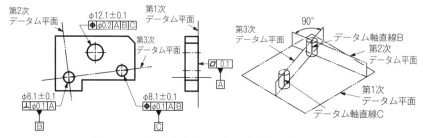

図4-24　指示例（図4-23）の標準のデータム系

　設計意図としても、これでよい場合は、この状態のもとで、各形体の位置を
TEDにて明示することになる。しかし、設計意図としては、部品の外形形状で
示すような水平、垂直の方向に各形体を配置したいとするならば、その変更意
図を明確にした指示しなければならない。その1つの指示方法としては、**図4-
25**のようになる。

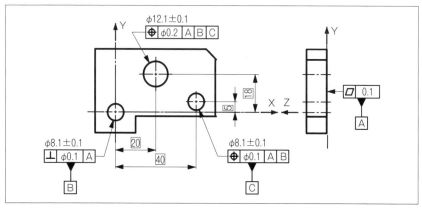

図4-25　部品例（図4-22）においてデータム系の方向を明示した指示例（直角座標方式）

　図4-25のように指示すると、その場合のデータム系は、**図4-26**のようにな
る。ここでも留意しなければならないことは、第3次データムの役割である。

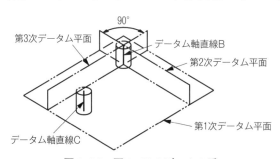

図4-26　図4-25のデータム系

このデータムCは、第2次データム平面と第3次データム平面がどうなるのかの配置を、最終的に決めている。

なお、先の図4-25の指示は、データム形体Bとデータム形体Cの配置関係を直角座標方式で指示しているが、**図4-27**のように、その関係を極座標方式で表した上で、他の形体の位置を直角座標値として表すこともできる。

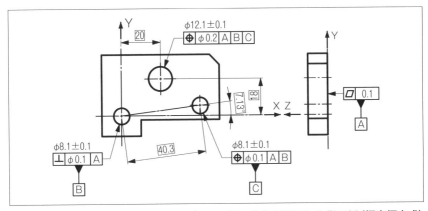

図4-27　部品例（図4-22）においてデータム系の方向を明示した指示例（極座標方式）

標準的に設定されるデータム系とは異なるデータム系を設定する、もう1つの例を見てみよう。

例えば、**図4-28**のような部品があったとする。第1次データムAとしては、部品の広い面を採り、第2次データムBには、左下の円筒穴の軸直線Bとし、第3次データムCには、右上の円筒穴の軸直線Cを採るものとする。

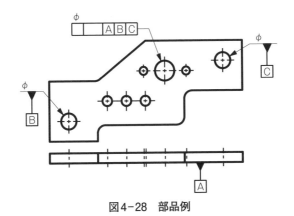

図4-28　部品例

この場合、標準（デフォルト）としてのデータム系（三平面データム系）は、**図4-29**のようになる。

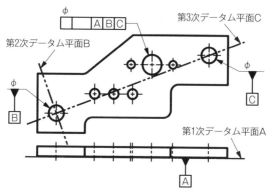

図4-29 部品例の標準のデータム系

　このようなデータム系を前提にして、図で示す各形体に対して寸法指示するのは厄介になる。図4-29の正面図で、水平方向の平面を第3次データム平面に、垂直方向の平面を第2次データム平面に変更したいと、設計者は考えたとする。つまり、**図4-30**が設計者の意図としよう。

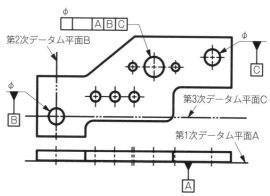

図4-30 部品例で方向を指示したいデータム系

　図4-30に示すデータム系を表す方法としては、基本的に、2通りが考えられる。その1つは、データム形体Bとデータム形体Cの位置関係を、直角座標系によって表す方法である。それは、**図4-31**のようになる。

　データムBとCの位置関係をTEDで指示した上で、他の規制したい形体を、すべて同じ直角座標にてTEDで指示する。データムBとデータムCとの位置関係をTEDで指示するもう1つの方法は、**図4-32**のように、両者の位置関係に関してデータムBを基準に、極座標系を使ってデータムCを表す方法である。その上で、他の規制形体については、設定したデータム系に従った座標値として指示する。

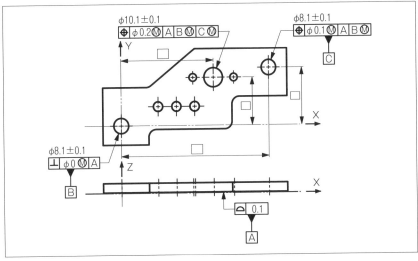

図4-31　図面指示A

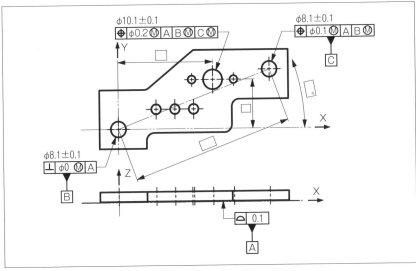

図4-32　図面指示B

　この図面指示Aと図面指示Bにおける指示の留意点としては、標準のデータ
ム系とは異なるデータム系を要求する場合なので、その意図をデータム系の原
点と方向を示すための矢印と識別文字X、Y、Zを使って"データム座標系"を
明示することである。

4.4 "サイズ形体" とみなされるデータム形体によって設定されるデータム系

ASME規格では、"通常のサイズ形体（規則的サイズ形体）"（Regular feature of size）とは少し異なるが、サイズ形体とみなされる形体を "不規則なサイズ形体"（Irregular feature of size）としている。現在のISO規格には規定されていないが、実用性が大いにあると思われるので、ここで紹介する。

その部品例を、ASMEの図例とは少し異なるが、**図4-33**で示す。

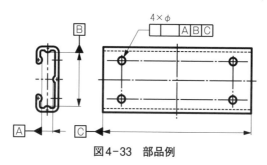

図4-33　部品例

この部品の左側の側面図では、データム中心平面Aとデータム中心平面Bがデータムとして指示されている。データムAは、離れた位置にある3つの線要素（絞り部の頂点を結ぶ線3本）によって構成される平行二平面の中心平面をデータムするものである。

また、データムBは、ある距離だけ離れた2つの線要素（絞り部の頂点を結ぶ線2本）の中心線をデータムとするものである。この場合のデータムBは第2次データムであり、第1次データムAが中心平面であることにより、この第2次データムBは、この中心線を通り、データム中心平面Aに対して直角な平面、と解釈することができる。

第3次データムCは、図の水平方向の幅の中心面であり、データム中心平面Cとなる。

このようなデータム系において、データム形体への指示と、部品内にある4つの円筒穴への幾何公差指示を盛り込んだ図面指示は、**図4-34**のようになる。

左側面図に示す部品断面で、範囲指定M↔Nの複数形体に対して、内側は機能上、比較的重要なことから、面の輪郭度0.2を要求している。一方、外側に対しては、それに比べてさほど精度は要求しないとして、面の輪郭度0.4を指示している。

この場合、4個のφ4.1の円筒穴対する幾何公差を検証する場合の実用データム形体（機能ゲージ）の例を示すと、**図4-35**のようになる。なお、4個のφ4.1の円筒穴を実際に検証するのは、直径3.9（＝4.0－0.1＝MMS－位置度公差）の円筒部をもつピンゲージとなる。

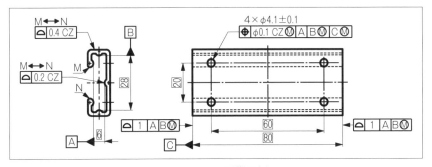

図4-34　図面指示例

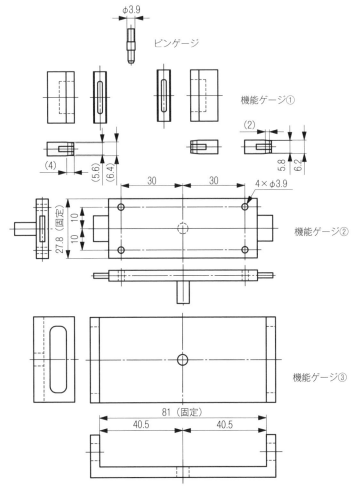

図4-35　指示例（図4-34）に対する実用データム形体の例

この図からもわかるように、φ4.1の円筒穴の幾何公差指示を検証する場合、データム中心平面Aを設定する実用データム形体Aに相当する"機能ゲージ①"の構造は単純ではない。それは、幅が5.8から6.2まで可変する内側形体に対して、最大接触するように構成しなければならないからである。

一方、データム中心平面Bを設定する実用データム形体Bに相当する"機能ゲージ②"については、参照するデータムBに対して⒨が適用されているので、その幅については最大実体実効サイズ（MMVS）の27.8（＝28−0.2）に固定したものでよい。この実用データム形体B、図4-35で示すピンゲージ（φ3.9）が問題なく挿入できればよい。したがって、部品の出来上がり状態によっては、部品は、この実用データム形体Bに対して浮動する。なお、機能ゲージ①は、この機能ゲージ②とはまり合う関係になっていて、データム形体Aの変動に対応する構造になっている。

さらに、データム中心平面Cを設定する実用データム形体Cに相当する"機能ゲージ③"については、同様に、参照するデータムCに対しても⒨が適用されているので、その幅については最大実体実効サイズ（MMVS）の81（80＋1）に固定したものでよい。

これらの機能ゲージに部品をセットした状態を、**図4-36**に示す。

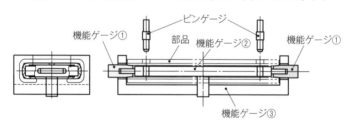

図4-36　機能ゲージに部品をセットした状態

なお、先の図4-34の図面指示では、左側面図での形状表現では、多くのTEDが省略された形になっている。それを少し詳細に表現すると、**図4-37**のようになる。

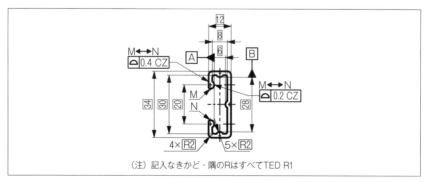

図4-37　図4-34の左側面図の詳細図

データムの優先順位の
指定方法

この章では、図面においてどの形体をデータムに指定し、そのデータムの優先順位の指示はどのようにするのか、それによって部品各部の幾何公差の評価がどのように変わってくるのかなどを扱う。"データムの優先順位"は、その部品をどう使うのかの設計意図に依存していて、それは"幾何公差の公差域"に大きな影響を与えることになる。

　部品において、どの形体をデータムとして選び、どのような優先順位のもとで、指示して部品のデータム系を設定するかは、ひとえに設計者の意図による。したがって、設計者は、そのことを十分に意識して、指示する必要がある。

　先に取り上げた部品を例にとって説明する（**図5-1**）。

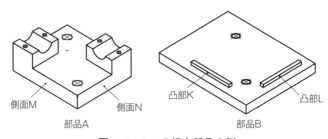

側面M　　側面N

部品A　　　　　部品B

凸部K　　　　凸部L

図5-1　2つの組立部品の例

　1つの設計意図として、部品Aの底面を部品Bの表面にまず置くのはよいとして、次に、部品Aの側面Mを部品Bの凸部Kに押し当て、次に部品Aの側面Nを部品Bの凸部Lに押し当てるようにして、2つの部品を固定するとしよう。それを図示すると、**図5-2**となる。

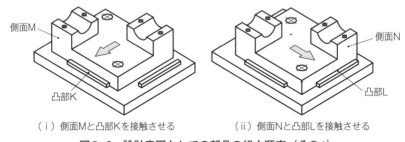

側面M　　　　　　　　　　側面N

凸部K　　　　　　　　凸部L

（ⅰ）側面Mと凸部Kを接触させる　　　　（ⅱ）側面Nと凸部Lを接触させる

図5-2　設計意図としての部品の組立順序（その1）

　その場合の部品Aとしての図面指示は、**図5-3**のようになる。つまり、第2次データムBと第3次データムCの、どちらの面を優先させるかによる。

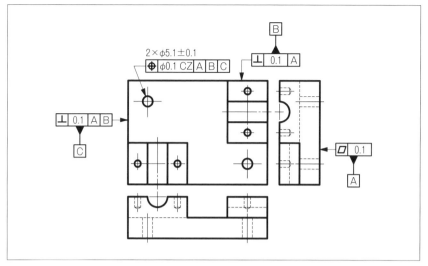

図5-3　図面指示1

一方、**図5-4**に示すように、最初に、部品Aの側面Nを部品Bの凸部Lに押し当て、次に部品Aの側面Mを部品Bの凸部Kに押し当てるのが、設計者の意図とするならば、当然のことではあるが、図面指示は異なってくる。

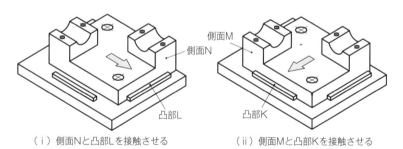

（ⅰ）側面Nと凸部Lを接触させる　　　（ⅱ）側面Mと凸部Kを接触させる

図5-4　設計意図としての部品の組立順序（その2）

このときの図面指示としては、側面Nを第2次のデータム形体として選ばなければならない。その場合は、**図5-5**の図面指示2のようになる。

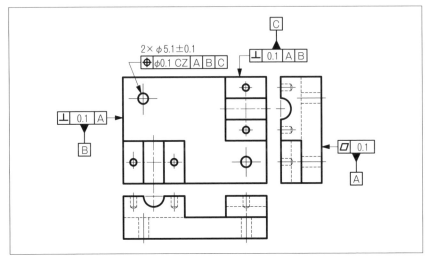

図5-5　図面指示2

　ここまでの説明では、組立順序の（その1）に対応した図面指示1と組立順序
（その2）に対応した図面指示2とに、それほどの違いはないように思われるが、
一概には、そうともいえないのである。

　部品Aにおいて、仮に、側面Mと側面Nが直角よりも、やや鋭角に仕上がっ
た（例えば、1度程度鋭角になった）としよう。その場合、組立順序（その1）
と（その2）において、部品右下のφ5.1を指示した円筒穴の位置がどうなるか
見てみると、それは**図5-6**に示すようなものとなる。

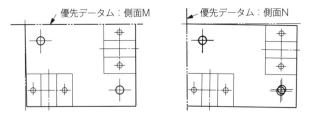

（a）側面Mを優先データムとしたとき　　（b）側面Nを優先データムとしたとき
図5-6　データムの優先順位の違いによる影響

　この図5-6の図(b)では、2つの円筒穴に関して、図(a)のときとの差を描いて
いるが、右下の穴などは、非常に変動していることがわかる。製作時に、どち
らの面を優先的に扱ったかで、結果としては、不合格となる部品が出るという
ことである。従って、設計者としては、十分に注意して、データムの優先順位
を選択しなければならない、ということになる。

部品のどの形体をデータムとするか、そのデータムの優先順位をどのように
するか、それによって部品内の形体が実際にどのように変わるのかを見てきた。
ここでは、単純な形状の部品を例に、部品の仕上がり状態によって、公差域が
どのように変わるのかを見てみよう。

図面指示例として、**図5-7**を示す。指示1の図（a）と指示2の図（b）とする。

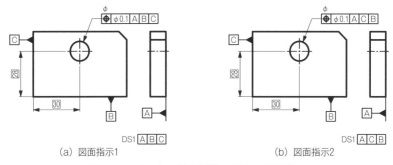

(a) 図面指示1   (b) 図面指示2

図5-7　データム優先順位の異なる図面指示

部品図の正面図で裏の大きな表面をデータム平面A、下側の表面をデータム
平面B、左側の表面をデータム平面Cとしている。図面指示1のデータム優先順
位は、上位＞A＞B＞C＞下位とし、図面指示2のデータム優先順位は、上位＞
A＞C＞B＞下位としている。

この図面指示のもとで、実際の製作された部品が、仮に**図5-8**のようにでき
たとする。

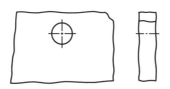

図5-8　製作された実際の部品

製作された部品を、それぞれの図面指示にしたがって、三平面データム系を
実現する実用データム形体に設置した状態が、**図5-9**である。

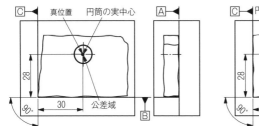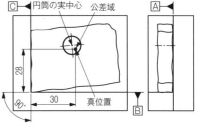

(a) 第1次データム：A、第2次データム：B、第3次データム：C　　(b) 第1次データム：A、第2次データム：C、第3次データム：B

図5-9　データム優先順位に従った部品配置

（a）図面指示1の場合：

　第2次データムがBなので、実用データム形体Bの面にデータム形体Bの面を最大接触させる。その後で、実用データム形体Cの面にデータム形体Cの最も突き出た箇所を接触させる。その結果は、図(a)で見るように、真位置と円筒の実中心も比較的近くにあり、公差域φ0.1内に存在する結果となっている。

（b）図面指示2の場合：

　第2次データムがCなので、実用データム形体Cの面にデータム形体Cの面を最大接触させる。その後で、実用データム形体Bの面にデータム形体Bの最も突き出た箇所を接触させる。その結果は、図(b)で見るように、真位置と円筒の実中心はやや遠い位置にあり、公差域φ0.1の外に存在する結果となっている。

　この結果からわかることは、部品としては全く同じ形状精度、位置精度のものに出来上がったとしても、図面において指示するデータムの優先順位によっては、その検証結果は全く異なる結果になるということである。

　設計者は、その部品の機能要求に応じたデータム優先順位を選択する必要がある。また、部品を流用して使用する場合にも、その部品がどのようなデータム設定とデータム優先順位にしたがって図面指示されているか、十分な確認が必要であることを物語っている。

5.3 データムの優先順位の違いによって異なる 実用データム形体

5.3.1 第1次データム：平面、第2次データム：軸直線の場合

　指定するデータムの優先順位は同じであるが、参照するデータムにおいて記号Ⓜが適用しているか否かで、実用データム形体や公差付き形体の公差域がどのように異なるか見ていきたい。まず、**図5-10**に示す図面例を例1として考えてみよう。

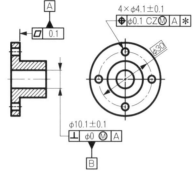

図5-10　図面例1

　この図5-10の、4個のφ4.1の円筒穴に対する指示で、参照する第1次データムAの設定は平面形体Aとしている。データムBの設定は円筒形体BのデータムAの設定は平面形体Aとしている。データムBの設定は円筒形体Bのデータム軸直線Bとしている。参照する第2次データムBに対しては、記号Ⓜを付ける場合と付けない場合がある。

　まず、記号Ⓜを付けない場合について見てみよう。その場合の図面指示は、**図5-11**のようになる。

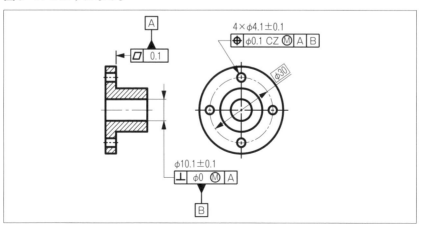

図5-11　図面指示1

この場合の部品のデータム系に対する設定は、**図5-12**のようになる。まず、第1次データムAに指定したデータム形体Aの面が、実用データム平面Aに置かれる。次の第2次データムBに指定したデータム形体Bである円筒穴には、データム平面Aに直角に保たれた最大内接する円筒の実用データム形体Bが接触する。この場合の注目点は、データム形体Bである円筒穴の実際の直径が様々に仕上がった場合でも、最大接触する円筒軸によってデータム系の設定がされるということであり、この実用データム形体Bは直径が可変する円筒軸でなければならないということである。この状態において、このデータム形体Bの直角度公差が検証されることになる。つまり、円筒穴がMMC（φ10.0）のときは直角度公差φ0（正確に直角のこと）から、LMC（φ10.2）のときの直角度公差はφ0.2までの、許容できる範囲に入っているかを検証する。

　その上で、公差付き形体である4個のφ4.1の円筒穴の位置度の検証に移ることになる。

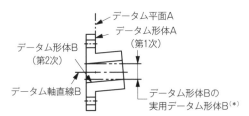

（＊）直径が10.0から10.2まで変化する
データム平面Aに直角の最大内接円筒軸

図5-12　データムBの実用データム形体の状態

　次に、4つのφ4.1の穴に対して参照する第2次データムBに記号Ⓜが付いた場合が、どうなるかを見てみよう。図面指示は、**図5-13**のようになる。

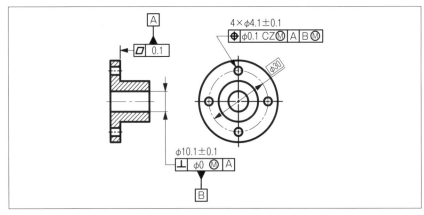

図5-13　図面指示2

この場合の部品に対するデータム系の設定は、**図5-14**のようになる。まず、第1次データムＡに指定したデータム形体Ａの面が、実用データム平面Ａに置かれる。次の第2次データムＢに指定したデータム形体Ｂである円筒穴には、データム平面Ａに直角に保った直径が最大実体実効サイズ（MMVS）の円筒軸の実用データム形体Ｂが置かれる。ただし、この場合は、このデータム形体Ｂの円筒穴に必ず接触するとは限らない。

例えば、この円筒穴が最大実体サイズ（MMS）の直径$\phi10.0$に仕上がった場合は、実用データム形体Ｂの直径は$\phi10.0$なので接触することになる。しかし、この円筒穴が、仮に最小実体サイズ（LMS）の直径$\phi10.2$に仕上がった場合は、直径$\phi10.0$の実用データム形体Ｂとの間には"すき間"が生じる。この場合の部品の固定は、実用データム形体Ｂとデータム形体Ｂとの間のすき間を、全体として均等になるように固定しなければならない。これが、この場合の注意点である。こうした上で、公差付き形体である4個の$\phi4.1$の円筒穴の位置度が検証されることになる。この"すき間"がデータムＢの"浮動量"といわれるものである。

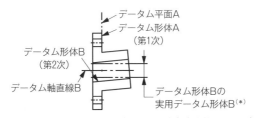

（＊）MMVSの直径＝10.0（＝MMS－直角度公差＝10.0－0）

図5-14　データム系の設定

以上は、第1次データムが平面で、第2次データムが軸直線の場合である。

5.3.2　第1次データム：軸直線、第2次データム：平面の場合

これは、先の図面例1とは逆に、第1次データムを軸直線、第2次データムを平面とした場合である。その図面指示としては、**図5-15**に示すものである。この図面例2においても、4つの$\phi4.1$の穴に対して第1次データムＡを参照する場合に、記号Ⓜの指示があるか否かによって、データム設定の方法は異なってくる。

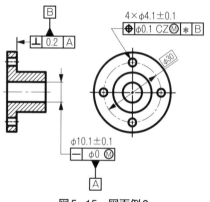

図5-15　図面例2

　まず、参照する第1次データムAに記号Ⓜを付けない場合について、見てみよう。その場合の図面指示は、**図5-16**のようになる。

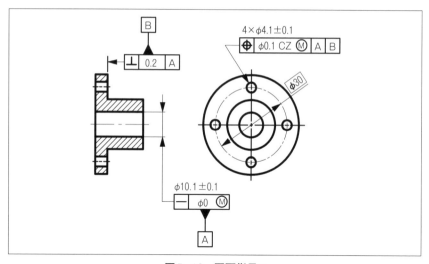

図5-16　図面指示3

　この場合の部品のデータム系に対する設定は、**図5-17**のようになる。まず、第1次データムAに指定したデータム形体Aである円筒穴には、その穴に最大内接するよう直径が可変する円筒軸の実用データム形体Bを接触させて支持して、データム軸直線Aを設定する。次の第2次データムBに指定したデータム平面Bは、データム軸直線Aに直角に保った平面（実用データム平面B）に部品のデータム形体Bを接触させる。部分的な接触になる場合がある。

　その状態において、データム平面Bに指定した面の直角度公差を検証する。間隔0.2の平行二平面の間にあれば合格である。その後で、公差付き形体である4個のφ4.1の円筒穴の位置度が検証されることになる。

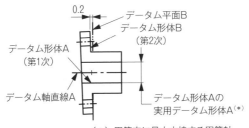

（＊）円筒穴に最大内接する円筒軸

図5-17

　次に、4つのφ4.1の穴の参照する第1次データムAに、記号Ⓜが付いた場合がどうなるかを見てみよう。その場合の図面指示は、**図5-18**のようになる。

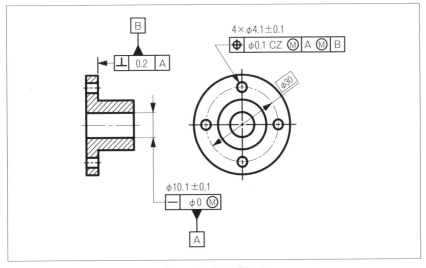

図5-18　図面指示4

　この場合は、データム形体Aの円筒穴のサイズが、MMS（φ10.0）かLMS（φ10.2）の2つの状態に分けて検討する。まず、円筒穴Aの直径がMMS（つまりφ10.0）の場合は、**図5-19**になる。第1次データムとして指示した円筒穴に対して、最大実体サイズ（MMS）の直径の実用データム形体Aを挿入して、データム軸直線Aを設定する。第2次データム平面Bとなる平面は、データム軸直線Aに直角な平面であり、データム形体Bに接触するように設定する。多くの場合、データム形体Bとは部分的な接触となる。

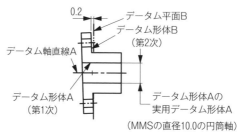

図5-19 データ形体Bに指示した直角度公差の検証

　その状態において、データ平面Bに指定した面の直角度公差を検証する。データ平面Bから最も離れたデータ形体Bの任意の位置が、直角度公差の公差値0.2の平行二平面の内部であればよい。その後で、公差付き形体である4個のφ4.1の円筒穴の位置度が検証されることになる。

　この場合の実用データ形体Aは、直径が10.0に固定された円筒軸であるので、第1次のデータ形体である円筒穴の直径が、MMSからLMS側になるにしたがって、円筒穴と実用データ形体Aの円筒軸との間には、何がしかの"すき間"が発生する。全体のすき間を均一に保ちながら、この軸直線に直角にデータ平面（正確にいえば、実用データ形体B）を設定して、データ平面Bとして指定したデータ形体Bを接触させる（**図5-20**）。

　この後に、公差付き形体である4個のφ4.1の円筒穴の位置度が検証されることになる。この場合も、データAの側には浮動があるので、それを含めての合否判定になる。

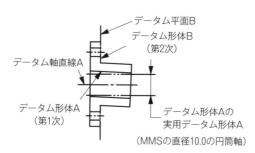

図5-20 データ平面Bにデータ形体Bを接触させた状態

　この図面指示4における、データAに対する実用データ形体Aとデータ
Bに対する実用データ形体B（表面）と、φ4.1の公差付き形体の円筒穴を検証するためのピンゲージ（直径3.9に固定の円筒軸）、それらを合わせた検証ゲージを図示すると、**図5-21**のようなものになる。

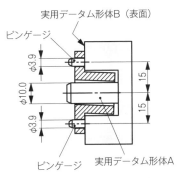

実用データム形体B（表面）

ピンゲージ

φ3.9

φ10.0

φ3.9

15

15

ピンゲージ　　　　実用データム形体A

図5-21　実用データム形体例

　部品のデータム形体Aに挿入される直径10.0の円筒ゲージ（実用データム形体A）とその円筒ゲージと直角を保つ平面（実用データム形体B）があり、その面の所定位置には、垂直に設けられた4つの直径3.9の円筒ゲージ（ピンゲージ）が設けられているものである。

　この機能ゲージを含む実用データム形体に問題なく挿入できれば、この部品への最大実体公差の要求は満たされていることになる。

第6章

共通データム

　この章は、"共通データム"に関することについてである。
この共通データムとは、"2つ以上のデータムを同時に考慮し
たデータム"であり、これは"単一データム"として扱われる。
部品の中には、この共通データムを設定して、各形体を規制す
べきものが意外に多く存在する。章の後半では、普段あまり見
かけることのない共通データムを紹介する。

共通データムを用いる一般的な状況というのは、離れて存在する2つ以上の形体によってデータムを設定する必要がある場合である。

6.1.1 共通データム軸直線

その典型的な例が、**図6-1**に示すようなローラ部品の場合である。図(a)は、左右の軸直径が同一の場合であり、図(b)は左右の軸の直径が異なる場合である。それぞれの軸線に対しての幾何公差指示は異なるので、注意が必要である。

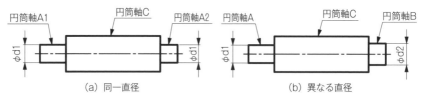

(a) 同一直径   (b) 異なる直径

図6-1　共通データムを用いる例（共通データム軸直線；その1）

図6-2に示すのは、同じ軸線には変わりはないが、こちらは円筒穴の軸線をデータム軸直線に設定する場合である。これも、図(a)のように、左右の穴直径が同一の場合と、図(b)のように、左右の穴直径が異なる場合がある。こちらも、それぞれの穴の軸線に対する幾何公差指示は異なるものとなる。

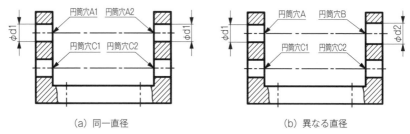

(a) 同一直径   (b) 異なる直径

図6-2　共通データムを用いる例（共通データム軸直線；その2）

6.1.2 共通データム平面

こちらは、共通データムとして設定するデータム形体がともに平面の場合である。こちらの場合は、軸直線とは違って、その表面（平面）が、同じ位置に存在する平面か、異なる位置にある複数平面かの違いで、指示方法が異なってくる。

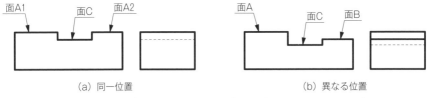

(a) 同一位置　　　　　　　　　　(b) 異なる位置

図6-3　共通データムを用いる例（共通データム平面；その1）

　図6-3は、離れてある2つの表面を共通データム平面に設定したい場合の例の（その1）である。この場合は、図(a)のように、2つの表面が同じ位置（高さ）にあるときと、図(b)のように、異なる高さの位置にあるときとでは、2つの平面形体に対する幾何公差指示が異なってくる。

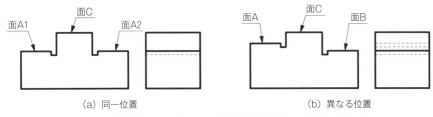

(a) 同一位置　　　　　　　　　　(b) 異なる位置

図6-4　共通データムを用いる例（共通データム平面；その2）

　図6-4は、先の図6-3と類似しているが、中央部に突出した表面があり、それを考慮した2つの平面形体に対する幾何公差指示が必要となってくる例である。

　図6-5は、板金部品の例であるが、基本的には、先の図6-3と同様な指示となる。

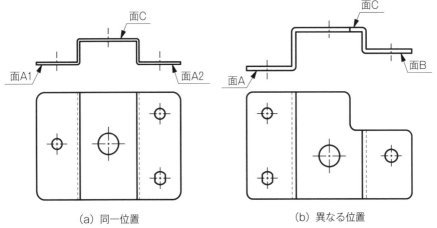

(a) 同一位置　　　　　　　　　　(b) 異なる位置

図6-5　共通データムを用いる例（共通データム平面；その3）

図6-6の例は、第1次データムに設定したデータム平面が、2つの面は同じ位置にあるが、もう1つの面は別な位置にあるというものである。

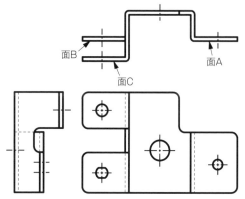

図6-6　共通データムを用いる例（共通データム平面；その4）

　図6-3から図6-6のいずれの場合も、互いの平面形体の位置が異なるときに、設定される共通データム平面は、どの場所となるのか、という疑問が起こる。普通に考えれば、2つの場合は平面の中間に位置する平面だろう、ということになるが、通常は、そのようにはしない。さらに、3つの場合はどうなるのか、と疑問が起こる。

　いずれの場合も、規則で決まっている場合を除いて、どの位置の平面をデータム平面として指示するか、どの平面をデータム平面として代表させるかなど、設計要求から最も適切と思われる平面を明らかにするのは、設計者の役目であろう。

6.1.3　共通データム中心平面

　共通の中心平面形体をデータムに設定する場合の例を、**図**6-7に示す。

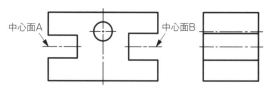

図6-7　共通データムを用いる例（共通データム中心平面）

　図6-7において、中心面Aと中心面Bを共通データム中心平面にして、部品中央の円筒穴への幾何公差指示がどうなるか。それを紹介するなかで、共通データム中心平面の使い方を考える。

6.2 共通データムの図面指示方法

ここでは、先の6.1節で示した部品例において、それぞれのデータム指示、および部品内の形体への幾何公差指示が、どのようなものになるのか、詳しく見ていくことにする。

6.2.1 共通データム軸直線

1）2つの円筒軸が同一径のとき〔図6-1の(a)〕の場合

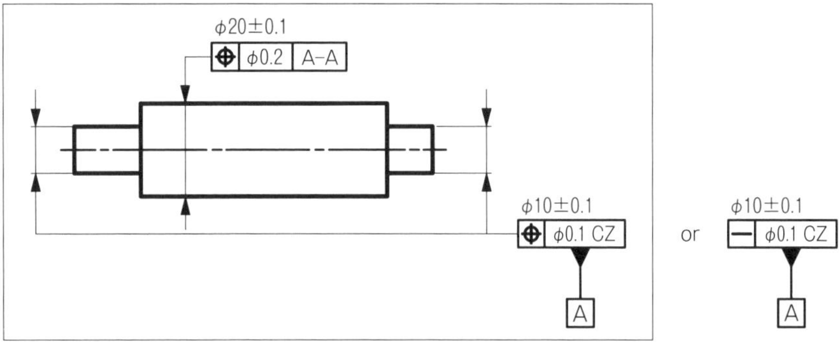

図6-8　指示例

図6-8の指示の場合、1つの公差記入枠で、2つの円筒形体（ϕ10）への幾何公差指示になっているが、右下枠の上部のサイズ指示、“ϕ10”の指示は、2つの公差付き形体に直接指示しているため、“2×ϕ10”との指示にはならないので注意する。また、2つのデータム形体Aに対する位置度指示を公差記入枠1つで指示しているので、公差値の後に、記号“CZ”（combined zone）の指示を忘れないこと(注)。

（注）位置度へのCZ指示は、ISO 5458:2018の規定による。

第6章　共通データム

2）2つの円筒軸が異なる直径のとき〔図6-1の(b)〕の場合

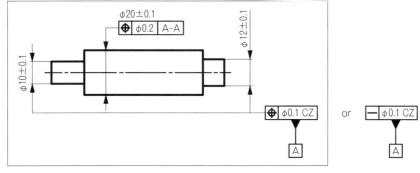

図6-9　指示例

　図6-9の指示は、左右の円筒軸の直径が異なる場合の指示である。それぞれの軸径のサイズ指示は、いずれも寸法線の側に指示する。

　この指示例では、異なる直径の形体も、一緒にしてデータムAとしているが、直径の異なるデータム形体であることを強調したい場合は、図6-10に示すように、一方をデータムA、他方をデータムBとして、共通データムを表す指示としても構わない。

　また、いずれの場合も、2つのデータムに対する幾何公差指示は、"位置度"指示の代わりに"真直度"指示を用いても意味は同じである。

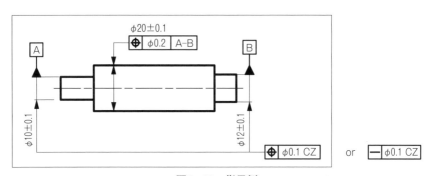

図6-10　指示例

3）2つの円筒穴が同一径のとき〔図6-2の(a)〕の場合

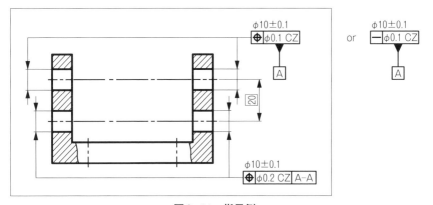

図6-11　指示例

　図6-11は、同軸上に配置した2つの同じ直径の円筒穴を共通データム軸直線A-Aとして、平行に配置された同軸の2つの円筒穴（φ10）を規制する図面指示例である。いずれも2つの形体を対象にした指示であるので、公差値の後に記号"CZ"を付ける。

4）2つの円筒穴が異なる直径のとき〔図6-2の(b)〕の場合

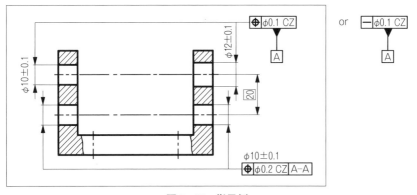

図6-12　指示例

　図6-12は、2つのデータム形体Aが、同軸上にはあるものの、それぞれの直径が異なる場合の図示例である。こちらも、異なる穴の直径サイズの指示は、寸法線の側に指示する。

6.2.2 共通データム平面

1）2つの表面（平面）が同じ位置のとき〔図6-3の(a)〕の場合

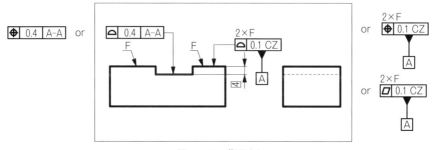

図6-13　指示例

　図6-13の場合、データム形体Aにした2つの平面形体に対して、1つの公差記入枠で指示しているので、公差値の後には記号"CZ"（combined zone）を記入する。また、データム形体と公差付き形体の両方に対して、"面の輪郭度公差"を指示しているが、もちろん、それに代わって"位置度公差"の指示でもよい。データム形体Aについては、"平面度公差"でもよい。しかし、データム形体の方には、規制対象の形体が複数なので、いずれの場合も記号"CZ"を付ける。指示線の交差を極力避け、視認性をよくするために、識別文字を有効に用いることを勧める。

2）2つの表面（平面）が異なる位置のとき〔図6-3の(b)〕の場合

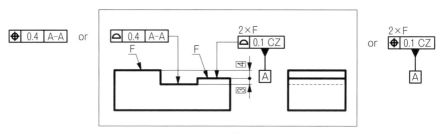

図6-14　指示例

　図6-14における先の図6-13との図示上の違いは、TEDの指示が増えているだけで、基本的に違いはない。もちろん、"面の輪郭度"の代わりに"位置度"を用いても、何ら変わりはない。

156

3）2つの表面（平面）が同じ位置のとき〔図6-4の(a)〕の場合

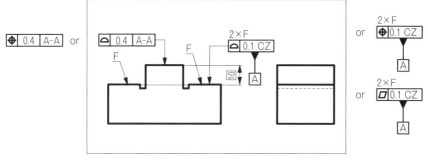

図6-15　指示例

　データム形体Aは、同じ位置にある平面形体であるので、"面の輪郭度"の代わりに、"位置度"、あるいは"平面度"を用いることもできる。この場合も、いずれも記号"CZ"が付く（**図6-15**）。

4）2つの表面（平面）が異なる位置のとき〔図6-4の(b)〕の場合

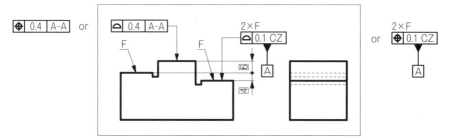

図6-16　指示例

　位置の異なる2つのデータム形体Aに対しても、記号"CZ"は付く（**図6-16**）。以前の共通公差域（common zone）を意味する"CZ"の場合には、付くことはないものであった。

　データム形体と公差付き形体に対して、"面の輪郭度"指示に代えて"位置度"指示にしても構わない。

5）2つの表面（平面）が同じ位置のとき〔図6-5の(a)〕の場合

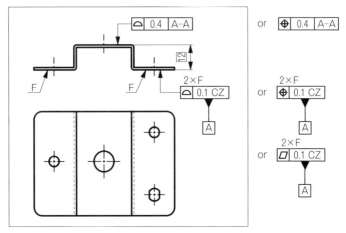

図6-17　指示例

　図6-17は、部品が板金ものに変わっただけなので、先の図6-13と図6-15の指示方法と、基本的に変わりはない。データム形体と公差付き形体に対して、"面の輪郭度"指示に代えて、"位置度"指示にすることは、なんら構わない。また、データム形体Aに対しては、"位置度"指示でも、"平面度"指示であってもよい。

6）2つの表面（平面）が異なる位置のとき〔図6-5の(b)〕の場合

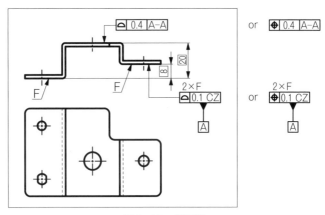

図6-18　指示例

　図6-18も、先の図6-14と図6-16の指示方法と変わりはない。データム形体と公差付き形体に対して、"面の輪郭度"指示に代えて、"位置度"指示にしても、その要求する公差域は変わりない。

7）3つの表面（平面）が異なる位置のとき（図6-6）の場合

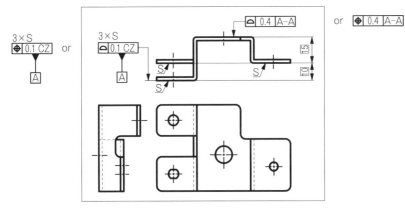

図6-19　指示例

　図6-19の場合、データム形体に指定する面に対して、それぞれ矢印を当て、3つの引出線に公差記入枠を付けて指示する方法があるが、少し煩雑になる。ここでは、対象の3つの面に対して、識別文字Sを使って明示し、公差記入枠の上の指示で"3×S"とすることで代用している。これによって図面の視認性はよくなっている。

　この場合のデータム平面はどうなるか、ということであるが、3つの平面形体は指示した幾何公差の公差域の範囲になくてはならない。実質的には、3つの面の最も突出した3か所によってデータム平面が定義されることになる。

　その状態を誇張して模式的に表すと、図6-20のようになる。

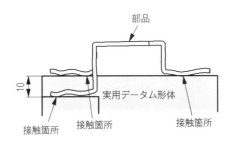

図6-20　部品と実用データム形体Aの関係

このような不確実性を避けたい場合は、第1次データムの指示において、データムターゲットを設ける指示を推奨する。この場合は、3つの円筒穴のあるところを設置箇所としている。その指示例を**図6-21**に示す。

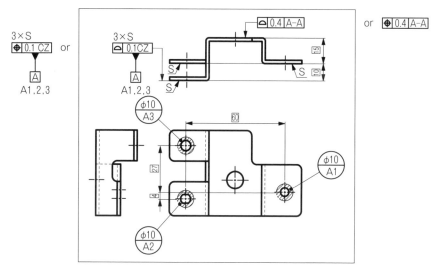

図6-21　指示例

　図6-21のように指示すれば、データム平面Aの設定のために接触する部品の位置は、確実に3つの穴の周辺の直径10の範囲に限定されることになる。それぞれ、穴の縁の影響を避けるように注意して指示する。

　この場合の実用データム形体の例を示すと、**図6-22**のようになる。

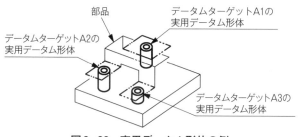

図6-22　実用データム形体の例

先の6.3.1節の図6-7で示した部品の指示例を、**図6-23**に示す。

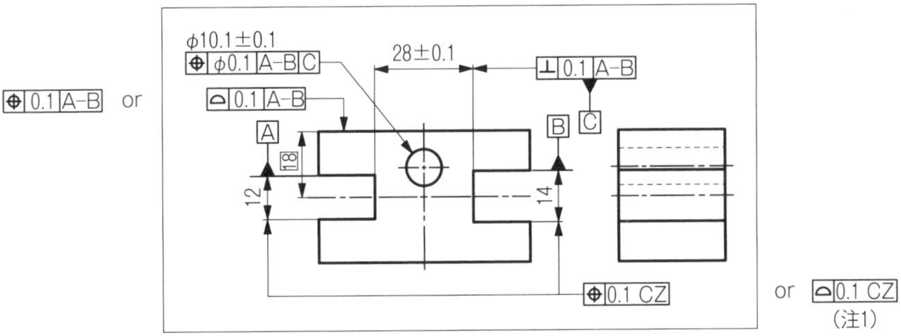

図6-23 指示例

　データムAとデータムBは、いずれも対向する平行二平面の距離を表す寸法線の延長上に指示しているので、いずれのデータムもデータム中心平面Aとデータム中心平面Bである。部品の上面には、"共通データム中心平面A-B"を参照する"面の輪郭度"（あるいは"位置度"）の指示となる。部品内のφ10.1の円筒穴の軸線に対しては、水平方向の基準が必要で、それはデータム中心平面Cとして指示しているので、第1次データムは共通データム中心平面A-B、第2次データムはデータム中心平面Cを参照とする"位置度公差"指示となっている[注1]。

（注1）"面の輪郭度"は、従来では、適用できる規制対象は"外殻形体"のみであった。ISO 1660:2017によって、このように規制対象が"誘導形体"（中心面）の場合でも、"面の輪郭度"を適用できるようになった。

6.3 共通データムによって設定されるデータム系

　ここでは、第1次データムとしては平面形体を指定し、第2次データムとして共通データムを指定する場合に設定されるデータム系が、どのようなものか見ていく。

6.3.1　2つの円筒穴の軸線をデータムに設定するケース

1）その1（1.3.4節の図1-18の例）

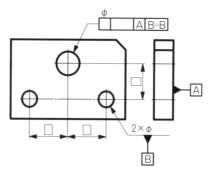

図6-24　部品例

　この部品例（**図6-24**）は、第1次データムをデータム平面Aとし、第2次データムは、部品内の同じ水平線（面）上にある2つの円筒穴をデータム軸直線Bとして共通データムを構成することで、データム系を設定するものである。

　その図面指示例としては、**図6-25**のようになる。

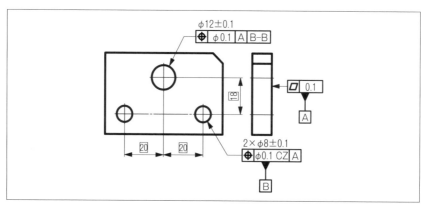

図6-25　図面指示例

この場合においては、第2次データムまでを指定した段階で、データム系（三平面データム系）は完成している。その状態を、**図6-26**に示す。

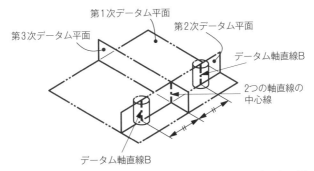

図6-26　図6-25の図面指示によって設定されるデータム系

まず、平面形体Aによるデータム平面Aが、第1次データムである。次に、2つのデータム軸直線Bが指定されることによって、最初にその2つのデータム軸直線Bを通る平面が決まり、それが第2次データム平面となる。互いに平行に設定されている2つのデータム軸直線Bの中間に、1つの直線が定義できる。この直線を通り、第1次データム平面と第2次データム平面のそれぞれに直角な平面が、第3次データム平面となる。

2）その2

第2次データムとして2つの軸直線を指定する別の例を、**図6-27**に示す。こちらも、第1次データムは平面形体である。

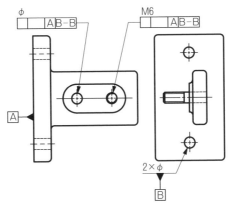

図6-27　部品例

第2次データムとして共通データム軸直線B-Bとして、データム系を設定した上で、1つの円筒穴と1つのM6のおねじを規制する例である。この場合に設

定されるデータム系は、**図6-28**のようになる。

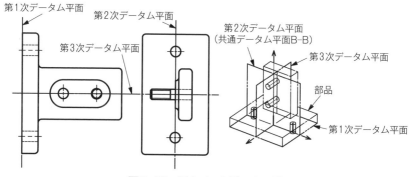

図6-28　図6-27のデータム系

　このデータム系における図面指示例としては、**図6-29**のようになる。ここでは、参照するデータムの"共通データム軸直線B-B"に対して、最大実体公差Ⓜが指定されている。また、部品全体として、3つあるφ6.1の円筒穴には、いずれもⓂが指定されているので、検証にはゲージを用いることができることを表している。

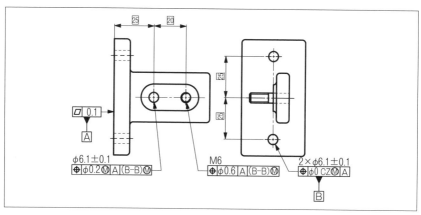

図6-29　図面指示例

　この図面指示として留意することは、参照するデータムが"共通データムB-B"の場合に、Ⓜを適用するときは、B-Bを括弧でくくって、その後に記号Ⓜを付加することである。これは、ISO規格の表記方法であって、ASMEなどでは異なる方法を採っている。

6.3.2 4つの円筒穴の軸線をデータムに設定するケース（1.3.4節 の図1-19の例）

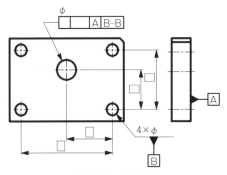

図6-30　部品例

　これは、**図6-30**に示すように、第1次データムは、データム平面Aとして、部品内の4隅にある4つの円筒穴をデータム軸直線Bとして指定し、共通データムを構成して、設定されるデータム系である。その場合の図面指示例を、次の**図6-31**に示す。

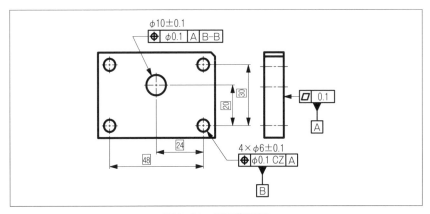

図6-31　図面指示例

　第2次データムを構成する4つの円筒穴は、水平方向にTED48、垂直方向にTED30の位置を真位置として指定されている。この4つの円筒形体は、共通データムとして指定しているので、4つの形体間には優先順位はなく、互いに等価である。データム形体としての円筒穴Bは4つであるが、データムとして参照する共通データムの指示は、|B-B|となる。

　この場合も、先の図6-25と同様に、第1次データムに加えて、第2次データムを指定した段階で、この部品のデータム系は完成する。

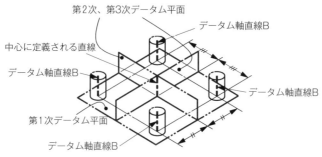

第2次、第3次データム平面

データム軸直線B

中心に定義される直線

データム軸直線B

データム軸直線B

第1次データム平面

データム軸直線B

図6-32　図6-31の指示によって設定されるデータム系

　図6-32に見るように、第1次データム平面上に垂直に、かつ、互いに指定の距離に平行に設けられたデータム軸直線Bは、その中心に1本の直線が定義される。この直線を通り、互いに直交した2つの平面が、第2次と第3次のデータム平面を形成する。この平面は、当然のことだが、第1次データム平面とも直交している。

　このケースで、設計意図として第2次と第3次のデータム平面を明確にしたいときは、"データム座標系"を併せて明示するのがよく、**図6-33**のような図面指示にする。

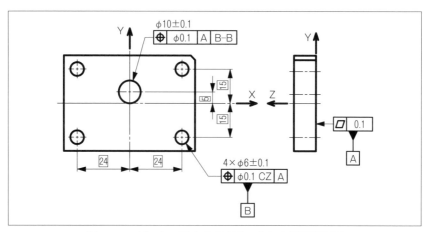

図6-33　データム系をより明確に表した図面指示例

6.3.3　３つのデータム中心平面をデータムに設定するケース

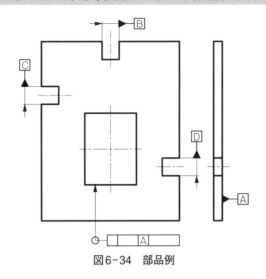

図6-34　部品例

　これは、**図6-34**に見るように、第1次データムは、部品の広い表面の一方を
データム平面Aとして、部品内にある3か所の中心面を、それぞれデータム中
心平面B、C、Dと指定し、データム系を設定するものである。その下で、部品
中央部の矩形の穴を幾何公差で規制するというものである。

　ここで意図しているデータム系（三平面データム系）は、**図6-35**に示すも
のである。3か所ある中心面によって第2次、第3次のデータム平面をつくる共
通データムB-C-Dを設定するというものである。この場合の共通データムは、
直交する2つの平面を形成し、ここまでの指定で、この部品のデータム系を完
成させている。そのデータム系は、|A|B-C-D|となる。

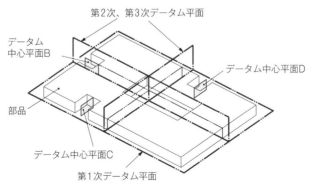

図6-35　図6-34が意図しているデータム系

この部品で、図6-35に示すデータム系を設定するための図面指示例1としては、**図6-36**のようになる。

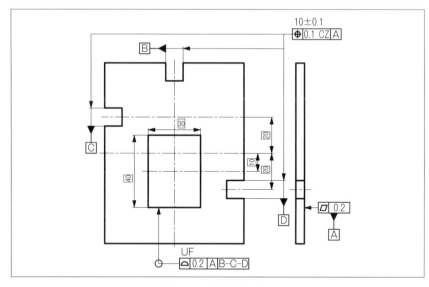

図6-36　図面指示例1

　3か所のデータム中心平面B、C、Dをつくる平行二平面間の距離は、いずれもサイズ公差（10±0.1）とするもので、その中心面によってデータム中心平面をつくっている。第1次データム平面に続き、次のデータム平面をつくる共通データム平面は、データム中心平面Bを通る平面と、データム中心平面Cとデータム中心平面Dの中間に位置する平面の2つであり、それは互いに直交する二平面である。もちろん、それは第1次データム平面Aに対しても直交するものである。

　先の図面指示（図6-25、図6-29、図6-31）と同様に、"共通データム"という"単一データム"の指示によって、直交する2つのデータム平面をつくり、それによってデータム系（三平面データム系）を設定している。共通データムの特徴として、このようなことがあることを留意しておこう。

　部品のほぼ中央部に位置する矩形の規制形体への指示は、図6-36とは異なる指示を採ることもできる。それは、**図6-37**に示すものである。

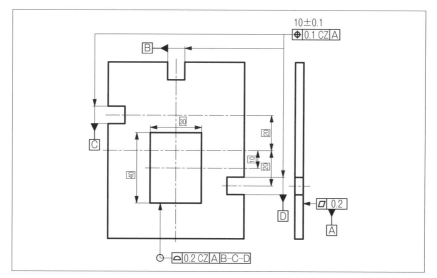

図6-37　図面指示例2

　この2つの図面指示例における違いは、全周記号で指示した矩形穴の4つの平面形体に対する公差域の形が、**図6-38**に示すように、少しだけ異なるところである。

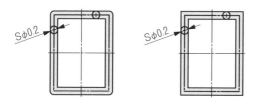

（a）図面指示例1の公差域　　（b）図面指示例2の公差域
図6-38　図面指示例1と2における公差域の違い

　どこが異なるかといえば、公差域の外側の4つの"かど"において、半径0.1のRが付くか否かだけである。"かど"にRがあってほしくない場合は、（指示例1の）記号"UF"を使ったものでなく、（指示例2の）記号"CZ"（combined zone）を用いたものにすればよい。ただし、規制対象の平面形体がこの公差域の内部であれば、指示要件は満たしているので、図(b)の公差域だといっても、"かど"は必ず直角になっているという保証はない。

第7章

データムターゲット

　この章では、データム形体全体ではなく、その一部を代表してデータムを設定する方法についてふれる。これは、"データムターゲット" としてデータム形体の特定部分を指定する方法である。どのような場合に使用するのか、使用する上での注意点を含め、データムターゲットの使い方を説明する。データムの設定方法として、今後、いっそう使用される方法と予想される。

7.1 データムターゲットを用いる状況

　この章では、「データム」や「データム系」を達成するための1つの要素である「データムターゲット」について説明する。

　データムターゲットは、簡単にいえば、データムを設定するために、データム形体の全体を用いるのではなく、その一部を取りだして、それによってデータムをつくろうというものである。データムターゲットは、データム形体の一部分であり、それと実際に接触する「実用データム形体」によって「データム」が設定される。

　通常は、部品のある表面の全体であったり、ある円筒穴の周面全体を使ったりして、それに対応する実用データム形体を最大接触させてデータムを設定する。しかし、すべての部品において、そのようなことができるとは限らない。

　例えば、**図7-1**に示す部品で、部品の基準、つまりデータムとして設定したい面が、面Aや面Bだとすると、そのままではデータム設定はできない。その表面には、位置決め用と思われるいくつかの突起物があって、面全体を支持して部品を固定することができない。また、**図7-2**のような部品（板金部品）においても、データムにしたい面に、半抜きやボスなどの突起物がある場合も、同様に面全体をデータムには設定できない。

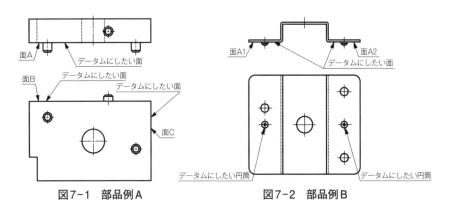

図7-1　部品例A　　　　　図7-2　部品例B

　このように、面全体によって部品を支持して、部品の位置決めをすることができない場合の手段となるのが、データムターゲットである。

　つまり、データムターゲットを用いる状況をまとめてみると、次のようになる。

172

1）部品の製法上から表面全体の形状精度が不十分な場合
　・鋳造、樹脂成形などの部品の表面のように、表面の多少の凹凸が避けられないもの
2）設定したい表面に凸となる形状や付属部品がある場合
　・板金部品などでの部品の表面に絞り、半抜き、ピン等の凸部があるもの
3）部品の表面全体で支持することが物理的に難しかったり、好ましくない場合
　・表面が曲面で、点でしか支持できないようなもの
　・通常の定盤などでは支持できない、非常に大きなもの
　・外観特性が要求される部品表面などで、極力、最少の箇所で支持したいもの

　これらを念頭に、データム設定に際してのデータムターゲットの適用を考えてみよう。

データムターゲットを図面上で表す場合の記号として、**図7-3**に示すように、「点」、「線」、「領域」の3つのタイプがある。この記号は、現在のISO規格で規定しているものである。

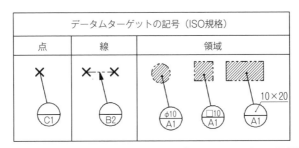

図7-3 データムターゲットのタイプとその記号（ISO規格）

なお、**図7-4**に示すのが現JISの記号であるが、両者は異なるので、混用して使うことがないように、注意が必要である。

【**参考**】現在のJISの記号を、参考として図7-4に示す。特に異なる点は、「点」を表す×印の形であり、ISOは正方形であるが、JISは縦長になっている点である。他にも、幾つか異なることがあるので注意する。

データムターゲットの記号（JIS規格）		
点	線	領域
✕ (C1)	✕—✕ (B2)	(φ10 A1)　(□10 A1)　10×20 (A1)

図7-4 現在のJISのデータムターゲットの記号

部品を部分的に支持する場合、一般的には、最初に支持する部分（第1次データムに相当）は最低3か所が必要であり、次は（第2次データムに相当）2か所、最後は（第3次データムに相当）1か所になることが多い。

したがって、データムターゲット点、データムターゲット領域は、第1次から第3次までのいずれのデータムに対しても適用できるが、データムターゲット線については、第2次、あるいは第3次のデータムとして用いることが多い。

まれには、ナイフエッジ2本によって支持し、第1次データムとする場合もある。

では最初に、第1次データムとしてのデータムターゲットの指示方法を見ていこう。

7.2.1　第1次データムとしてのデータムターゲット

1）"データムターゲット点"の場合

この場合の指示方法を、**図7-5**に示す。データムAとしたい部品表面に対して、より安定した支持となるために、3点をできるだけ離した位置に配置することがだいじである。ただし、表面上にわずかでも突起部がある場合、その位置は避けなければならない。ターゲット点の位置は、理論的に正確な寸法（TED）で指示する[注]。

> （注）図面上ではTED指示であるが、決して公差がないわけではない。設計側として指示しない、ということだけのことである。社内規定などで、治具製作の公差を製品・部品の公差に照らしてどれぐらいにするか決めており、それに基づいて実用データム形体となる治具を製作し運用している、と理解すべきである。

指示した各点に対して、A1からA3が記入されたデータムターゲット枠を、引出線を使って指示する。データム文字記号の脇への"A1,2,3"の追記を忘れないようにする。この表記によって、図面を見て作業する次工程では、データムターゲットの箇所数を即座に理解することができる。

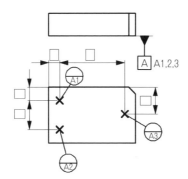

図7-5　データムターゲット点の指示

このデータムターゲット点を実際に再現する手段が実用データム形体になるのだが、その例を示したのが、**図7-6**である。円筒ピンの先端の小さな球面によって、部品の表面を支持することになる。当然のことながら、わずかな面積による支持になるので、それによって周辺が変形してしまう場合や、全体の姿勢が保てなくなる場合、支持する部品の質量が比較的大きい場合などには、データムターゲット点を用いるのは避けたほうがよい。その場合は、次に説明する接触面積の大きいデータムターゲット領域を用いることになる。

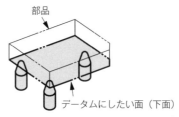

部品

データムにしたい面（下面）

図7-6　データムターゲット点を実現する実用データム形体の例

2）"データムターゲット領域"の場合

　データムターゲット領域の場合は、主に2種類あり、円筒ピンの場合と角ピンの場合がある。一般には、つくりやすさや扱いやすさから、円筒ピンを用いる場合が多い。

　円筒ピンの場合の指示方法を、**図7-7**に示す。データムAとしたい部品表面に対して、より安定した支持となるために、できるだけ3点を離した位置に配置することは、ターゲット点の場合と同様に重要である。また、表面上にわずかでも突起部がある部分は避けなければならないことも同様である。ターゲット領域の中心の位置を、理論的に正確な寸法（TED）で指示する。

　このデータムターゲット領域を実際に再現する実用データム形体の例は、**図7-8**のようになる。円筒ピンの先端を直角にカットした平面によって、部品の表面を支持することになる。この円筒ピンの直径がターゲット記入枠の上部に指示した直径である（図7-7の指示では φ6）。支持する部品の質量に対応して、

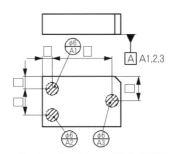

図7-7　データムターゲット領域（円形）の指示

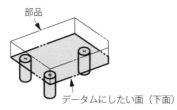

部品

データムにしたい面（下面）

図7-8　データムターゲット領域を実現する実用データム形体の例

このピンの直径を適度に変えることになる。

データムターゲット領域を長方形で実現する場合は、角ピンによって部品のデータムにしたい面を支持することになる。その指示方法と実用データム形体の例を、**図7-9**に示す。

この指示の場合、データムターゲット記入枠の円の上半分のところに、その矩形の大きさを縦×横の寸法で記入するが、通常はその半円内に収まらないので、黒丸付きの引出線に続き参照線を引き、その上に記入することなる。

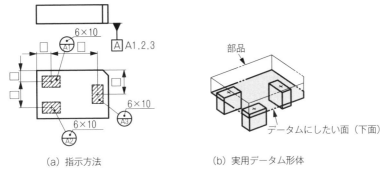

(a) 指示方法　　　　　　(b) 実用データム形体

図7-9　データムターゲット領域（矩形）の場合

7.2.2　第2次データムとしてのデータムターゲット

1)"データムターゲット点"の場合

第2次データムとしてデータムターゲット点を用いる場合は、基本的には、第1次データムとして用いた場合とほぼ同じである。第2次データムとして用いる場合は、基本として2点を配置するので、考慮すべきこととしては、対象の表面のできるだけ端に配置することである。とはいっても、あまり端すぎるのもよくない。表面に対して、凸部はもちろん、変形のある部分を避けることはいうまでもない。

2)"データムターゲット領域"の場合

こちらも、考慮すべきこととしては、データムターゲット点の場合と同様である。2つの円形領域を指示するので、その配置等については、データムターゲット点と同様の配慮が必要である。点の場合よりも指示する面積があるので、設定位置についてそれほど神経質になることはない。

3)"データムターゲット線"の場合

データムターゲット線は、ほとんどの場合、第2次データム、あるいは第3次データムとして用いられる。データムターゲット点であると接触点付近の変形

や接触点の変化による他への影響が大きいとか、また、データムターゲット領域であると適当な面積が取れない、等々が予想される場合に、データムターゲット線が用いられる。

　データムターゲット線の指示方法は、**図7-10**のようになる。データムターゲット線とする線の両端に×印を置き、その間を"細い二点鎖線"で結ぶ。その線に対して、先端に矢印付きの引出線とデータムターゲット記入枠を付ける。円形枠の上半分には何も記入しない。線の位置をTEDで示すこと、データム文字記号の脇にデータムターゲットの個数表示をすることは、他のデータムターゲットの場合と同じである。

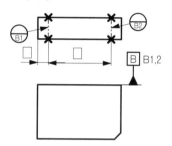

図7-10　データムターゲット線の指示

　データムターゲット線に対する実用データム形体の例としては、**図7-11**のようになる。こちらの場合は、ある直径の円筒ピンの腹（母線）をデータム形体との接触部として用いる。この場合も、接触する箇所の近くに凸部や変形しやすいところがあるときは、それらから離して設置することが望まれる。当然であるが、円筒ピン同士の平行度が適切に出ていて、きちんとそれが維持できるように設置することが重要である。

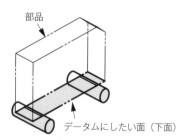

図7-11　データムターゲット線の実用データム形体例

7.2.3　第3次データムとしてのデータムターゲット

　場合によっては、第2次データムまでの設定で、それ以上の設定は必要がない場合があるが、多くの場合、第3次データムとしてのデータムターゲットを

必要とする。

　第3次データを必要とする多くの場合、データターゲットの数は1個とすることがほとんどである。それは、第3次データの役割として、部品の6自由度の拘束のうち、最後の1自由度の並進（移動）の自由度、または回転の自由度を拘束することがほとんどだからである。

　実際に第3次データとして用いられるのは、データターゲットの点と領域の2つである。設置する位置としては、データに設定したい表面のほぼ中央にするのが一般的である。もちろん、すでに述べたように設置する近くに支障がある部位がある場合は、それを避けることになる。

7.2.4　データターゲットによるデータ系の設定例

　部品において、データを設定する例として、第1章にいくつか挙げているが、その中の部品例を取り上げて、データターゲットの指示がどのようなものか、ここで詳しく説明する。

1）ケース1：（1.3.1節の図1-9の例）

　この例は、第1次データと第2次データに設定したい表面の一部に、位置決め用のピンがあり、面に突起物がある例である。この図面指示例を、**図7-12**に示す。

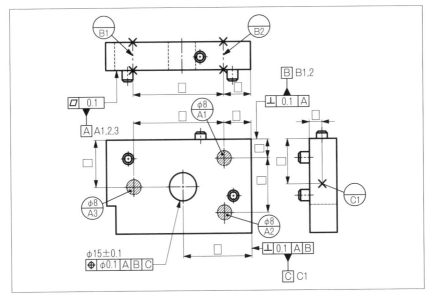

図7-12　データターゲット点、線、領域を使った指示例

設計意図としては、この2つの表面をデータム平面に設定し、残りの1つの面を第3次データムに設定するというものである。仮に、この部品において、3個の突起物がないとすれば、データムの指示は比較的簡単なものとなる。

第1次データムを設定するために、直径8mmの3つのデータムターゲット領域（円形）が指定されている。その領域は、突起物を避けた位置に、TEDによって設定されている。

第2次データムは、正面図の上の面として、1個の突起物を避ける形で、2つのデータムターゲット線が設定されている。

最後の第3次データムは、正面図の右の面にしてあり、その面のほぼ中央に、1つのデータムターゲット点が設けられている。

図7-12の図面指示に対する実用データム形体の実施例としては、**図7-13**のようになる。このような状態に部品を支持し、測定に際して部品が動かない程度の拘束力のもとで、図面において要求しているϕ15の円筒穴の幾何公差（位置度公差）を検証することになる。なお、この図において、部品の表面にある3つの突起物は省略してある。

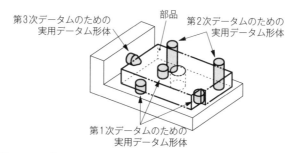

第3次データムのための
実用データム形体

部品

第2次データムのための
実用データム形体

第1次データムのための
実用データム形体

図7-13　指示例（図7-12）の場合の実用データム形体の例

2) ケース2：（1.3.2節の図1-14の例）

この例は、第1次データムAに設定したい面が、同じ位置にはあるが、離れている2つの表面である。その表面にも突起物がある。第2次データムと第3次データムを設定するための2つの突出円筒ピンがあり、その軸直線がデータムとなっている。その指示例を**図7-14**に示す。

指示のポイントは、データム平面Aの指示方法にある。2つの表面は離れていること、その表面には突起物があること、このために、通常の単純なデータム指示では、不適切なものとなる。そのためには、3つあるϕ5の円形領域をデータムターゲットにして、それによって第1次データム平面Aを設定する。

注意したいのは、同じ位置にある2つの離れた表面にCZ付の平面度0.1が指示されているが、この平面度要求は、2つの表面全体に対するものであって、"A1,2,3" と指示しているからといって、3つに分かれて指示したデータムター

ゲット領域（φ10）だけが、その平面度（0.1）を満たしていればよいということではないことである。データ平面Aは、離れて存在するのだから、この場合、共通データ平面であり、データとして参照する場合の表記は、"A-A"ではないのかとの疑問があるかもしれない。データ記号の脇に、ターゲットの個数の"A1,2,3"を表記しており、どれが該当する平面かが明瞭であり、かつ記号"CZ"を付けているので、離れて2つの平面形体がどのような状態になくてはならないかは明確になっている。それゆえに、参照するデータ表記を、単に"A"との表記でもよいと考える。もちろん、"A-A"という表記にしても、何ら問題はなく、むしろ、これがISO規格に沿った表記といえる。

（注）ASME規格では、データAAを共通データに指定したからといって、"A-A"の表記は採っていない。

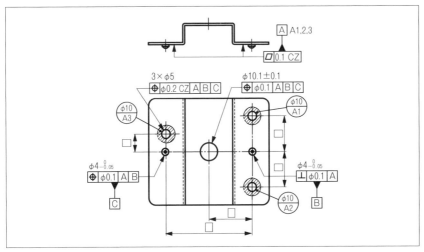

図7-14　データムターゲット領域を使った指示例

図7-14の指示に対する実用データ形体の例は、**図7-15**のようになる。この場合のポイントとしては、データムターゲット領域のA1、A2、A3の設定方法である。3つのφ5の穴を避けた形状の、直径10mmの円形領域にて部品を支持する実用データ形体でなければならない。ただし、この実用データ形体は、あくまでも表面に対して垂直方向の並進（移動）の自由度を拘束するものであって、表面に沿った並進（移動）の自由度を拘束する目的のものではない。その2つの並進（移動）の自由度を拘束するのは（この図7-15では図示していないが）、あくまでも（図7-14に示す）データB（軸直線）とデータC（軸直線）に対応する実用データ形体である。

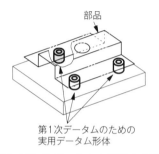

第1次データムのための
実用データム形体

図7-15　指示例（図7-14）のデータムAに対する実用データム形体の例

3）ケース3：（1.3.11節の図1-32の例）

　ここでは、第1次データムから第3次データムまでがデータムターゲットによる指示とする指示例で、なおかつ、部品が樹脂成形品のように"抜き勾配"を有する部品における図面指示例を示す。

　まず、部品としては、**図7-16**に示すものである。

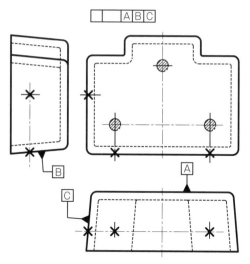

図7-16　"抜き勾配"のある部品例

　この部品は、成形品部品であり、抜き勾配（5°程度）が付いている。このように勾配が付いた傾斜した面をデータムに設定する場合、それ相応の指示が必要である。この例では、第1次データムは、データムターゲット領域によって、第2次、第3次データムは、ともにデータムターゲット点で設定するものである。

　その図面指示例は、**図7-17**のようになる。

　この図面指示の特徴は、第2次データムと第3次データムのデータムターゲット点の設定位置であり、それが勾配の付いた傾斜面の途中に設定していることである。

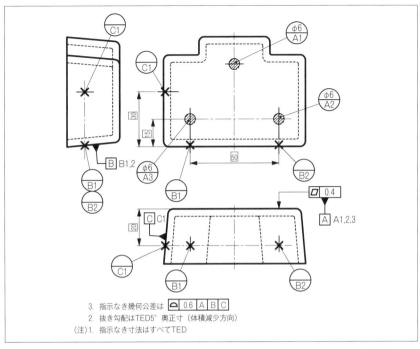

3. 指示なき幾何公差は ⌖ 0.6 A B C
2. 抜き勾配はTED5° 奥正寸（体積減少方向）
（注）1. 指示なき寸法はすべてTED

図7-17　図7-16の図面指示例

この場合の実用データム形体の例を、**図7-18**に示す。

部品

実用データム形体C　　実用データム形体B

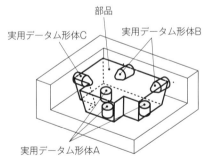

実用データム形体A

図7-18　指示例（図7-17）の実用データム形体の例

　図7-17で示した部品は、データムターゲット領域A1の中心を通る平面に対して左右対称の形になっている。したがって、設計意図の中には、この中心平面を第3次データムとして指定する場合もある。その場合は、**図7-19**のようになる。

　この指示によって、第3次データムは、"共通データム中心平面C-D"を設定することを表している。したがって、データム形体への幾何公差指示を含んだ図面指示例は、**図7-20**のようになる。

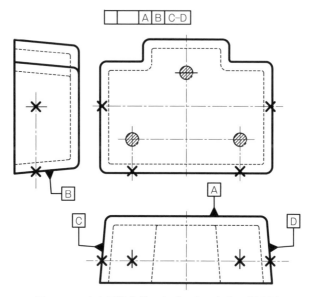

図7-19 中心平面を第3次データムとする部品例

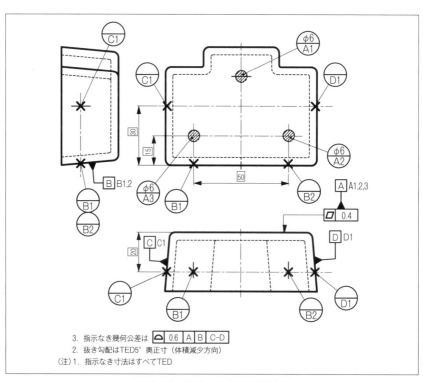

3. 指示なき幾何公差は [⌀] 0.6 | A | B | C-D
2. 抜き勾配はTED5° 奥正寸（体積減少方向）
(注) 1. 指示なき寸法はすべてTED

図7-20 図7-19の図面指示例

この図面指示に対する実用データム形体の例としては、**図7-21**のようになる。

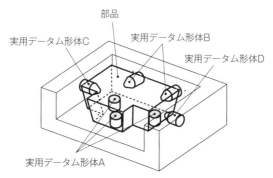

図7-21　指示例（図7-20）に対する実用データム形体の例

この図7-21で示す実用データム形体は、いずれもゲージ本体に固定の形で構成されているが、データム中心平面C-Dを確保するためには、実用データム形体Aを上下方向に可動にして、各実用データム形体の先端と部品をきちんとフィット（密着）させる必要がある（データムターゲットを可動させる指示については、この後の7.3.2節を参照）。

7.2.5　曲面を第1次データムとするケース

1）曲面が一定半径の円弧面のケース（1.3.12節の図1-33の例）

これは、曲面を第1次データムとして、部品の必要とする部分の幾何公差を規制する場合のデータムの指示方法である。曲面の最も単純なものとしては、半径が一定の場合の曲面、つまり円弧面の場合である。その部品例として、**図7-22**に示すものとする。

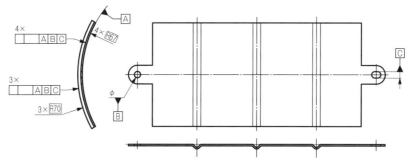

図7-22　曲面を第1次データムとする部品例

この場合は、半径TED R67の円弧面の表面を第1次データムとして、部品中央の左右に位置する円筒穴の軸直線と平行二平面（幅）の中心平面の2つを、

第2次データム、第3次データムとして、円弧面の所定の位置の幾何公差を規制するというものである。

設計意図としては、円弧面の指定した4か所について、図示するTEDの位置において部品を支持して、データムAを設定する。続いて、部品左側の円筒穴を第2次データムのデータム形体とし、最後に、部品右側の小判穴の幅（平行二平面）を第3次データムのデータム形体に指定して、部品のもつ6自由度を拘束するというものとする。

第1次データムAを設定するために、部品を支持する箇所は、データムターゲット点を採るのが妥当である。第1次データムAを設定する実用データム形体Aは、曲面の表面に接触してデータムターゲット点を実現する、先端部が小さな球面（例えば、SR1程度）とした円筒ピンとなる。

第2次データムBを設定する実用データム形体Bは、データム形体Bの円筒穴とはまり合う直径をもつ円筒ピンである。第3次データムCを設定する実用データム形体Cであるが、原則としては、小判穴の幅（平行二平面）にはまり合う幅を持った平行ピンとなるが、このケースの場合は、第2次データムに用いる円筒ピンと同じもので代用してもよいと考える。したがって、この部品を支持する各実用データム形体は、**図7-23**に示すようになる。

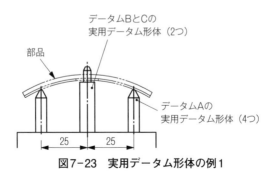

図7-23　実用データム形体の例1

図7-23に示した実用データム形体によって検証することを要求する図面指示例としては、**図7-24**に示すようなものになる。

この図面指示例1の解釈としては、図7-23で示した実用データム形体に対して、部品の自重だけで、他からの外部荷重を掛けることなく、保持した自由状態で、指示した幾何公差を検証するということである。部品を実用データム形体に載せた状態で、部品の変形がほとんど無視できる場合の図面指示となる。

なお、第2次データムのデータム形体であるφ6.1の穴について、ここでは、幾何公差を指示していない。それは、この部品の板厚が1mm程度と比較的薄いことから、データムAに対する幾何公差（直角度など）を省略している。これは、明確に指示したいということで、データムAを参照とする直角度公差を指示することを、決して否定するものではない。

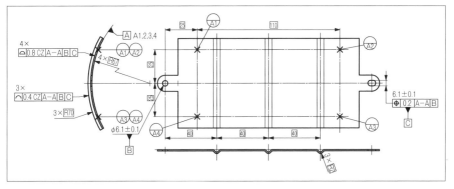

図7-24　図面指示例1

　この図面指示例1に対して、重力だけによる自由状態の下での検証と、指定の荷重を作用させて拘束状態の下での検証を、それぞれ要求する場合の図面指示としては、**図7-25**のような指示例2となる。

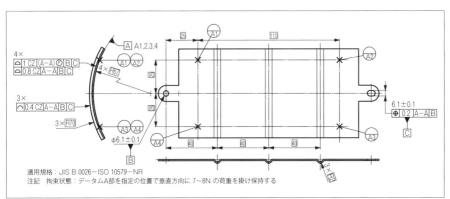

図7-25　図面指示例2

　拘束状態のもとでの幾何公差を要求する図面指示の特徴として、図面の注記として、"拘束状態"の指示があるか否かである。注記に"拘束状態"がある場合は、幾何公差は基本的に、その拘束状態のもとで検証しなければならない。それに加え、公差記入枠の中に、記号Ｆの指示があるか否かが重要である。記号Ｆがある場合は、その拘束状態のもとではなく、重力の作用は別として、他の外部からの力が作用しない状態で、つまり、自由状態のもとで検証することになる。

　この図面指示例2の場合、4つの円弧面R68において、第1次データムとして参照している共通データム平面A-Aに対して、上段枠は記号Ｆが付き、下段枠には付いていない。上段枠の要求内容は、この部品を実用データム形体のデータムターゲット点のA（4か所）、データムB、データムCに接触させた状態（自由状態）で、指示した形体の"面の輪郭度"が1以内であることを求めている。

ターゲット

187

下段枠には記号Ⓕがないので、注記で示した拘束状態を維持したもとで、形体の"面の輪郭度"が0.8以内であることを要求している。

　図面指示例2の第1次データムAのデータムターゲット点の位置は指定されているので、実用データム形体Aの接触点が、その位置になるように設定することになる。

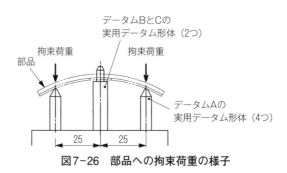

図7-26　部品への拘束荷重の様子

　この部品におけるデータム系がどのようなものになるか見てみよう。**図7-26**の部品例では、第1次データムが円弧面[注]、第2次データムが軸直線、第3次データムが中心平面というものである。この場合の第1次データムAに指定しているデータム形体AはTED R67の円弧面であるが、この表面の4か所に指示したデータムターゲット点で円弧面のデータム形体Aに接触させている。一般的には、これによって設定されるデータム平面は、距離R67の起点である直線を通る平面である。したがって、標準としてのデータム系は、**図7-27**のようになる。

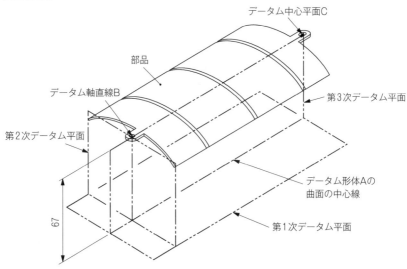

図7-27　指示例（図7-24）におけるデータム系

（注）正確には、この場合の円弧面は"データム形体"であり、そこでの"設定形体"は中心線である"直線"なので、データムは"軸直線"だといえる。

このデータム系は、次のように解釈できる。

第1次データム平面は、データム形体Aの"円弧面の中心線"を通る平面である。しかし、この時点では、この平面の方向（姿勢）は定まっていない。次に、第2次データム平面であるが、この平面は、データム軸直線Bを通る平面である。これも、この段階では確定していない。第1次データム平面とは直角ということだけは決まっている。

次に第3次データム平面であるが、データム軸直線Bとデータム中心平面Cを通り、データム形体Aの"円弧面の中心線"を通る平面である。この平面はここで確定する。それによって、この第3次データム平面に対して直角で、"円弧面の中心線"を通る平面が、第1次データム平面であり、ここにようやく第1次データム平面は確定する。第3次データム平面と第1次データム平面の確定により、第2次データム平面も確定する。この結果、この部品におけるデータム系（三平面データム系）が完成する[注]。

（注）正規のデータム系は、上記の図7-27の通りであるが、図7-23と図7-26で示す実用データム形体の構成では、第1次データム平面の位置を、図の上方にオフセットしたものといえる。実用データム形体A、B、Cの軸方向長さが、ある程度、確保できる長さであれば、問題ないと考える。

2）平面と曲面が混在しているケース（1.3.12節の図1-34の例）

3D-CADで設計できるようになって、自由な曲面を有する部品が多くなった。このような形状をもつ部品では、その幾何公差指示においてデータムターゲットを用いることが必須になってきている。

ここでは、比較的単純な形状の曲面をもった部品を例に、その図面指示方法を見てみよう。その部品例として、**図7-28**に示すものとする。

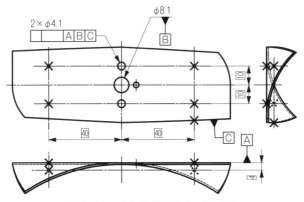

図7-28　自由な曲面をもつ部品例

図7-28に示す部品は、図示からわかるように、第1次データムに設定したい表面は、大部分は平面状であるが、両端がめくり上がった点対称の形状の曲面を形成している。この面全体を対象に第1次データムを設定するものである。第2次データムには、部品中心部のφ8.1の穴の中心としている。第3次データムは、平面図で右下側の板端面である。

このようなデータム系において、部品中央部に位置する2つのφ4.1の穴を規制するというものである。その図面指示例を、**図7-29**に示す。

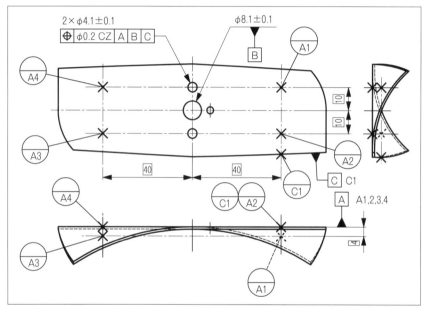

図7-29　図面指示例

第1次データムとして設定した、平面と曲面とからなる面には、4つのデータムターゲット点を配置する。その位置をTEDで指示する。第2次データムは、部品中央のφ8.1の穴の中心線である。この部品は板厚が1mm程度と比較的薄いものなので、（第1次データム平面に対する直角度指示をせず）サイズ公差指示だけでよいといえる（先の図7-22と同様）。第3次データムは、部品のデータム軸直線Bを中心とする回転の自由度の拘束なので、板端面の特定の1点を支持するだけでよい。この場合、データムターゲット点であるよりも、データムターゲット線がより適切ともいえる。

7.3　特殊なデータムターゲットの使い方

　ここでは、データムターゲットの通常の使い方ではなく、少し特殊なものについて、見ていくことにする。

7.3.1　可動データムターゲットの記号

　この「可動データムターゲット」は、現在のJIS規格にはないもので、2011年にISO規格として規定されたものである。なお、ASME規格では、2009年に、すでに規定されているものである。

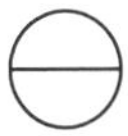

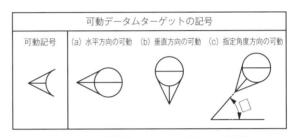

図7-30　データム
　　　　　ターゲット枠

図7-31　可動データムターゲットの記号

　データムターゲット枠は、**図7-30**で見るように、1つの円の中央に水平線を引いたものである。これに、**図7-31**に示すように、「可動記号」という新たな記号を結合して、「可動データムターゲット」という記号が規定された。

　このデータムターゲットは、指示した位置に固定ではなく、一方向に移動を許すものである。図7-31で見るように、「可動記号」の中央の"1本の線"の向きが、そのデータムターゲットの可動できる方向を表している。

　つまり、図面指示において、可動記号の中央の線を水平に指示した場合は、水平方向の可動データムターゲットを表し〔図の(a)〕、垂直方向に指示した場合は、垂直方向の可動データムターゲットを表す〔図の(b)〕。任意の角度方向に可動方向を取りたい場合は、角度をTED角度で示し、指定角度方向の可動データムターゲットであることを表す〔図の(c)〕。

7.3.2　可動データムターゲットを用いた指示方法

1）その1

　「可動データムターゲット」を用いた指示例のその1を、**図7-32**に示す（1.3.9節の図1-25の例）。

　第1次データムAは、直径40mmの円筒軸の軸直線である。この円筒形体に

は、3つのデータムターゲット線が指示されている。さらに、このデータムターゲット線は、可動データムターゲットによって指示されている。このターゲットの位置は、引出線の方向に可動（移動）できるものである。つまり、円筒の実際の仕上がり状態（どのような円筒直径であるか）に対応して接触するように調整されて軸心を設定して、それをデータム軸直線とするものである。

　これによって、6自由度のうちで、軸線に対して互いに直交する2つの軸回りの回転の自由度2つ、その2つの軸に沿った並進（移動）の自由度2つの合計4つが拘束される（第2章の2.2.2節の図2-17の"円筒"を参照）。

　第2次データムBは、データム軸直線Aに平行な関係にある平面である。これがデータム平面Bであり、残っていた軸線回りの回転の自由度1つを拘束する。この図面指示では、軸線に沿った方向の並進（移動）の自由度1つは拘束されず、自由な状態で残っている。

　これを規制する必要がある場合は、正面図の右上にあるφ12の円筒穴の手前か、あるいは奥側の表面をデータム平面Cに設定すれば、6自由度のすべてが拘束される。

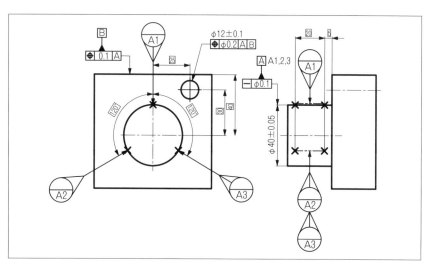

図7-32　可動データムターゲットを用いた指示例1

　まず、データム軸直線Aを設定する実用データム形体Aがどのようなものになるかを説明する。その状態を**図7-33**に示す。

　半径方向に等間隔（120°）に配置され、3つの先端には、ある半径の部分曲面部があり、かつ、その先端の3つの母線は、軸線側に寄ったとき、最終的には1点（1本の線といった方が妥当）に集まるように構成されている。具体的にいえば、フライス旋盤の三爪チャックの機能をもったものである（1.3.9節の図1-26参照）。

第2次データムBは、部品上部の表面全体で、それは平面形体である実用データム形体Bによって設定される。

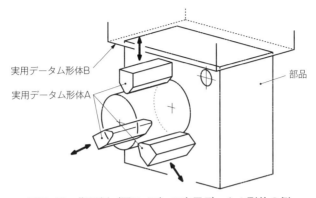

図7-33　指示例（図7-32）の実用データム形体の例

2）その2

次に、「可動データムターゲット」を用いた別の指示例を、**図7-34**に示す。これは、2組の可動データムターゲットAとBを共通データム軸直線A-Bとして、第1次データムA-Bを設定する指示である（1.3.10節の図1-31の例）。

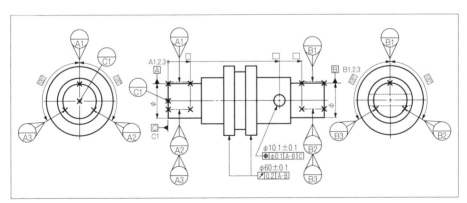

図7-34　可動データムターゲットを用いた指示例2

図7-34では、データム形体に指示している3つの形体、データム形体A、データム形体B、それにデータム形体Cに対して幾何公差指示がされていない。これら3つのデータム形体に対して幾何公差を指示した例を、**図7-35**に示す。

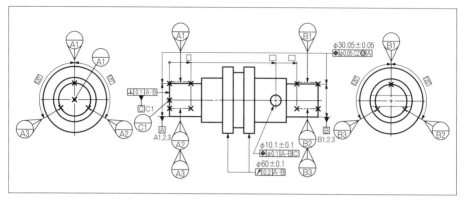

図7-35　指示例3

　2組の可動データムターゲットによる共通データム軸直線A-Bは、具体的には、先の指示例1（図7-32）と同様に、同軸に設定された2組の三爪チャックによって部品を保持する。軸線方向の並進（移動）の自由度を拘束するデータムC（データムターゲット点C）が第2次データムとして指定されていて、データム系|A-B|C|が設定される。この軸線と直交しているφ10.1の円筒穴に関しては、このデータム系を参照することで規制できる。仮に、これ以外に軸線と直交する円筒穴等がある場合は、このφ10.1の円筒穴の軸線をデータムDとして設定して規制することになる。その場合のデータム系は、当然、|A-B|C|D|となる。

3）その3

　可動データムターゲットを用いた例を、もう1つ提示する。先の7.2.3節のケース3）の部品を例にしたものである。

　各実用データム形体と部品を密着させた上に、さらに、データム中心平面C-Dを確保する方法としては、データムCとデータムDを可動データムターゲットとして明示するのも1つの図面指示方法である。それは、**図7-36**のようになる。

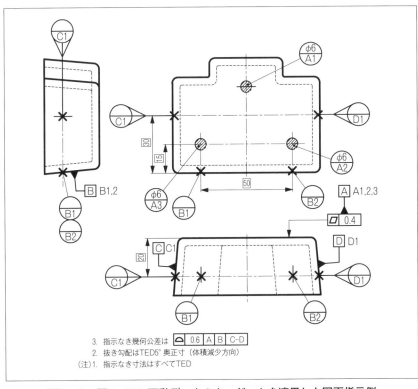

図7-36　図7-20に可動データムターゲットを適用した図面指示例

このように図面指示した場合の実用データム形体は、**図7-37**のようになる。

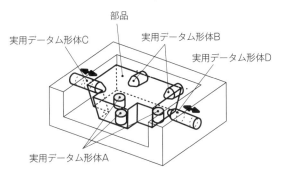

図7-37　図7-36における実用データム形体の例

　先の図7-21で示した実用データム形体との違いは、実用データム形体Cと実用データム形体Dがともに、可動して部品の表面に接触するように構成されている点である。

7.3.3 "接触形体"を用いた指示方法

1) その1

可動データムターゲットに加えて、データムターゲット点の特殊な使い方をした例を示す。その指示例はISO規格に載っているもので、それを**図7-38**に示す（1.3.15節の図1-40参照）。

データム形体としては、AからDまでの4つを用いている。このうち、可動データムターゲットはデータムCである。また、データムBには、ISO規格独自の記号"[CF]"が使われている。これはデータムターゲットの一種であるが、ISOにおいては、特別にその旨を明示した指示となっている。

これは、接触形体（Contacting feature）といい、図示形体とは異なる実用データム形体を使用するときに用いるとされている。データムターゲットにおいて、点や線をデータムターゲットに用いる場合、基本的に、図示形体とは異なるので、少し説得力に欠ける規定ではあるように思われる。

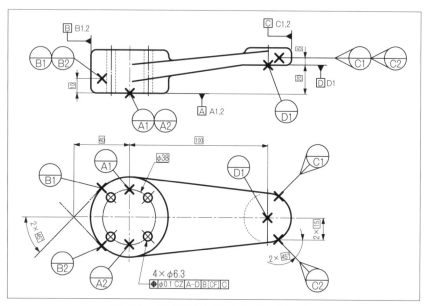

（注）ISOの原図を第三角法による表記に変えてある

図7-38　可動データムターゲットと特殊なデータムターゲット点を用いた指示例（ISO）

図示内容を説明する。第1次データムは、データム平面形体Aと、それに若干オフセットした位置にあるデータム平面形体Dとから設定される共通データム平面A-Dである。第2次データムは、部品左側の円筒周面に対して、角度90°の実用データム形体（円筒軸）によってデータムターゲット点を2つ設定して、

部品の水平方向の並進（移動）の自由度を拘束する。第3次データムは、接触形体Bの交点からの水平線から互いにそれぞれTED15オフセットした点に対して、それぞれTED角度45°の部品外側から部品方向に移動可能な可動データムターゲットC1とC2によって、データムCを設定する。

　検証作業の手順としては、部品を共通データム平面A-Dを設定する実用データムAとDに接触させ、次に、実用データム形体Bで受けることで部品の水平方向の基点をつくり、その後に、右側の可動データムターゲットである実用データム形体によって、部品を図の左側に寄せて支持（固定）する、ということになる。

　図7-38の図面指示による部品における実用データム形体の例としては、**図7-39**のようなものが考えられる。

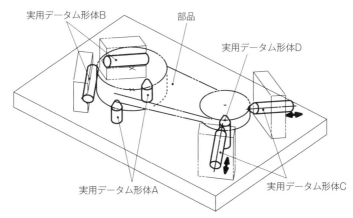

実用データム形体B　　　　　　　部品

実用データム形体D

実用データム形体A　　　　　　実用データム形体C

図7-39　図7-38の指示に対する実用データム形体の例

　実用データム形体Cを除いて、どの実用データム形体も固定でよいが、実用データム形体Cだけは、部品の表面に対応して軸方向に移動可能として接触するように構成する必要がある。

　先の図7-38の図面指示は、その指示内容からは、鋳型や金型から取り出した加工物に対して、部品をどのように姿勢や位置を拘束して、最初の機械加工をするのか、そのためのデータム系を示しているように理解できる。

　そのように考えると、鋳型や金型から取り出した直後の部品（加工物）に対して、最初に行う機械加工のための指示例としては、**図7-40**のようなものが考えられる。

　この図7-40は、先の図7-38とは、データム記号の付け方を一部変えてはあるが、それ以外の大きな違いは、部品左側の大きな円筒を中心とする4個の直径6.3の円筒穴に代えて、直径20.1の円筒穴としていることである。加えて、左右

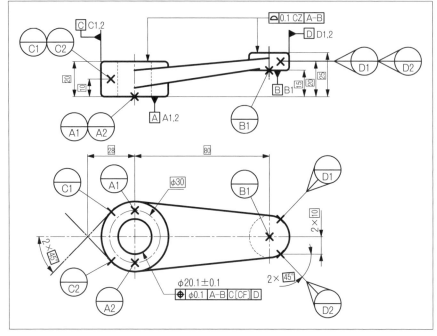

図7-40　型成形部品に対する最初の機械加工のための図面指示例

の円筒形の上部表面に対する位置公差を追加している。つまり、左側の1つの円筒穴（φ20.1）の加工と左右の円筒上面2か所の加工のための図面指示にしたものである。

　この図7-40の指示による加工によって、次に行う機械加工のための図面指示を示すことができる。それには、**図7-41**のようなものが考えられる。

　この図7-41では、先の図7-40において2つの円筒の表面を加工したので、その2つの表面を、今度は第1次データム平面としている（図7-41の図面指示では、図7-40を上下反転させている）。また、先の加工で左側の円筒部に設けた直径20.1の円筒穴の軸直線を、新たな第2次データムBとして設定し、"接触形体"という特殊なデータムターゲット点ではなく、通常のデータム軸直線Bとしている。これによる新たなデータム系（|A-B|C|D|）として、記号［CF］を用いない指示になっている。

　この図面指示では、まず、左右の円筒形の上部表面の加工を意味する幾何公差指示をしている。そして、左側円筒には新たなデータム系を参照する形で、4つのφ6.2の円筒穴を位置度φ0.1で要求し、右側円筒にも、こちらも新たなデータム系を参照する形で、1つのφ10.1の円筒穴を位置度φ0.1で要求している。つまり、先の加工を終えた部品に対して、この図面指示によって、3種類の2次加工を要求した図面になっている。

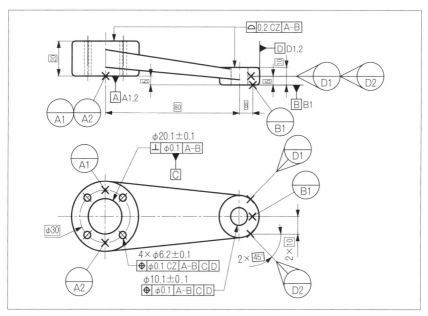

図7-41　図7-40に対する次の機械加工のための図面指示例

　ここまでの図面指示で留意すべきは、部品左右の大小2つの円筒の外形の形状に関する要求が入っていないことである。最終的には、これらが入った指示事項を含む図面指示が、この部品の要求内容になろう。

2) その2

最後に、接触形体と可動データムターゲットを用いた指示例を、もう1つ示す。その指示例は、**図7-42**に示すものである。

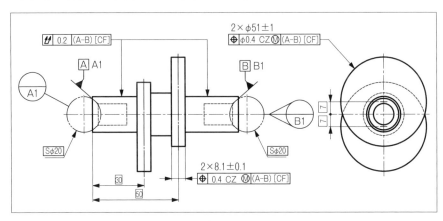

図7-42　接触形体と可動データムターゲットを用いた指示例

この図面指示では、部品の左側の円すい形体に接触するのが、移動しない固定のデータムターゲットである直径20の球である"接触形体"である。一方、部品の右側の円すい形体には水平方向に移動可能な直径20とする"接触形体"の球があり、部品を左側のデータムAに押し付けるように動作して、共通データム軸直線A-Bを設定している。

"接触形体"の直径をTEDで表すとともに、この共通データム軸直線A-Bを参照する場合にも、このデータムが"接触形体"から構成されていることを表すために、記号[CF]を追加している。また、データム記号の近傍には、このデータムがデータムターゲットから構成されていることを示すために、A1、およびB1と付記している。

なお、全振れで規制している円筒形体のサイズについては、別途指示されているものとする。

【補足1】

　ISO規格案として、接触形体の新しい指示方法として検討されている図面指示例を、参考として、**図7-43**で示す。

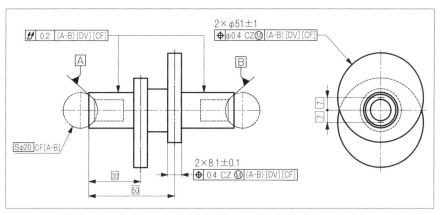

図7-43　接触形体の新しい図面指示方法

　この指示案では、可動データムターゲットの指示をなくし、その代わりに、公差記入枠のデータム区画のデータム記号の後に、記号［DV］と記号［CF］を追記することで、データムが"接触形体"であることを表すようにしている。また、この場合の直径20の2つの"接触形体"である球については、一方の球を表す円に対してTEDの"Sφ20"の後に記号"CF［A-B］"を追記することですませるようにしている。

　図7-42と図7-43とを見比べた場合、明らかに後者の方が、表記に特別な記号が入り、解釈は難しくなっているように思われる。

【補足2】

　ASME規格では、この可動データムターゲットを用いた指示は、ASME Y14.5の2009年版においてすでに規定していて、現在の2018年版でも同様な指示方法を採用している。それに沿って、図7-42および図7-43と同様の部品を表すと、次の**図7-44**のようになる。

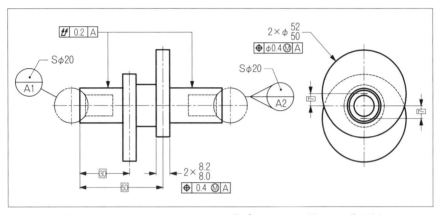

図7-44　ASME Y14.5における可動データムターゲットの指示例

　この図面指示を見てわかるように、ASMEにおいては、「接触形体」という概念はなく、あくまで、「データムターゲット」の一種だというように読み取れる。また、共通データムおよびデータム記号AやBの表記もなく、結果として、非常にシンプルな表記となっている。

図表1　データム系 設定のための検討項目

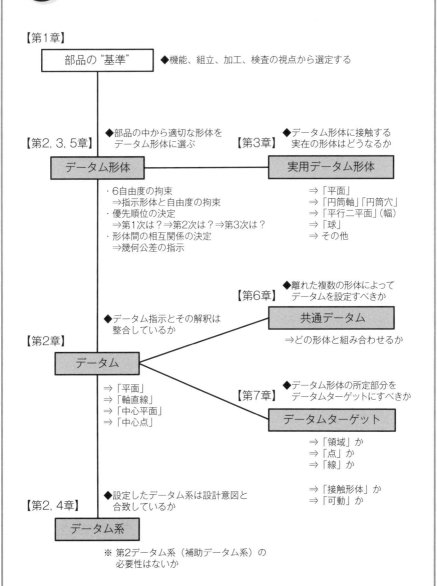

【第1章】
部品の"基準"　◆機能、組立、加工、検査の視点から選定する

【第2, 3, 5章】
◆部品の中から適切な形体を
データム形体に選ぶ
データム形体

【第3章】◆データム形体に接触する
実在の形体はどうなるか
実用データム形体

・6自由度の拘束
⇒指示形体と自由度の拘束
・優先順位の決定
⇒第1次は？⇒第2次は？⇒第3次は？
・形体間の相互関係の決定
⇒幾何公差の指示

⇒「平面」
⇒「円筒軸」「円筒穴」
⇒「平行二平面」(幅)
⇒「球」
⇒ その他

【第6章】◆離れた複数の形体によって
データムを設定すべきか
共通データム
⇒どの形体と組み合わせるか

◆データム指示とその解釈は
整合しているか

【第2章】
データム
⇒「平面」
⇒「軸直線」
⇒「中心平面」
⇒「中心点」

【第7章】◆データム形体の所定部分を
データムターゲットにすべきか
データムターゲット
⇒「領域」か
⇒「点」か
⇒「線」か

⇒「接触形体」か
⇒「可動」か

【第2, 4章】
◆設定したデータム系は設計意図と
合致しているか
データム系

※ 第2データム系（補助データム系）の
必要性はないか

付録

図表2 データム系 設定のための基本手順

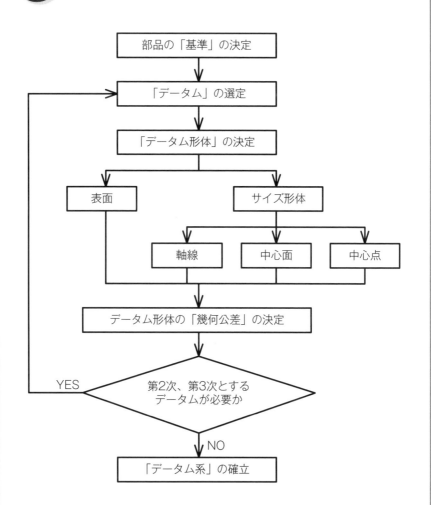

図表3 データム系設定の手順（基本形1）

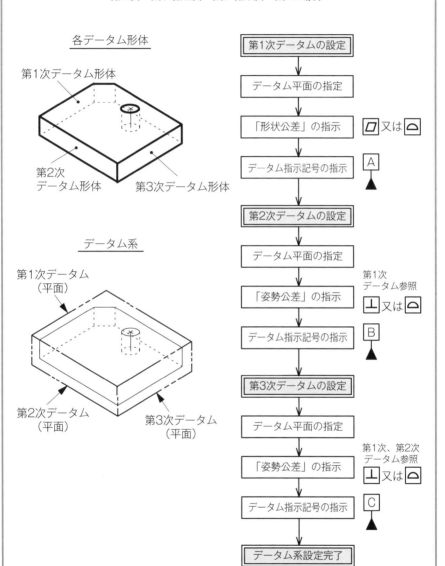

第1次＝面、第2次＝面、第3次＝面 の場合

各データム形体

第1次データム形体

第2次
データム形体　　第3次データム形体

データム系

第1次データム
（平面）

第2次データム
（平面）　　第3次データム
（平面）

第1次データムの設定
↓
データム平面の指定
↓
「形状公差」の指示　　□ 又は ⌓
↓
データム指示記号の指示　　A ▲
↓
第2次データムの設定
↓
データム平面の指定
↓
「姿勢公差」の指示　　第1次データム参照 ⊥ 又は ⌓
↓
データム指示記号の指示　　B ▲
↓
第3次データムの設定
↓
データム平面の指定
↓
「姿勢公差」の指示　　第1次、第2次データム参照 ⊥ 又は ⌓
↓
データム指示記号の指示　　C ▲
↓
データム系設定完了

図表4　データム系設定の手順（基本形2）

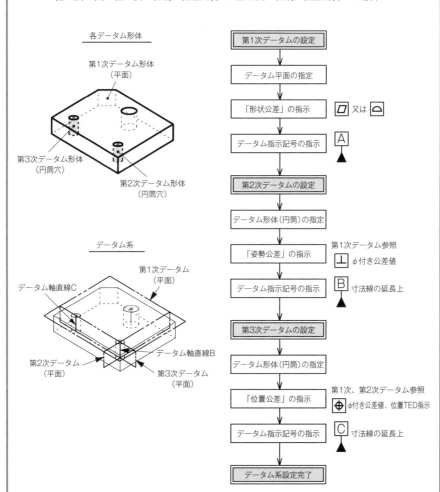

第1次＝面、第2次＝直線（軸直線）、第3次＝直線（軸直線）の場合

各データム形体

第1次データム形体
（平面）

第3次データム形体
（円筒穴）

第2次データム形体
（円筒穴）

データム系

第1次データム
（平面）

データム軸直線C

第2次データム
（平面）

データム軸直線B

第3次データム
（平面）

第1次データムの設定
↓
データム平面の指定
↓
「形状公差」の指示　　□ 又は △
↓
データム指示記号の指示　　A ▲
↓
第2次データムの設定
↓
データム形体（円筒）の指定
↓
「姿勢公差」の指示　　第1次データム参照
⊥ φ付き公差値
↓
データム指示記号の指示　　B 寸法線の延長上 ▲
↓
第3次データムの設定
↓
データム形体（円筒）の指定
↓
「位置公差」の指示　　第1次、第2次データム参照
⊕ φ付き公差値、位置TED指示
↓
データム指示記号の指示　　C 寸法線の延長上 ▲
↓
データム系設定完了

図表5　データム系設定の手順（基本形3）

第1次＝面、第2次＝軸（軸直線）、第3次＝面（中心平面）の場合

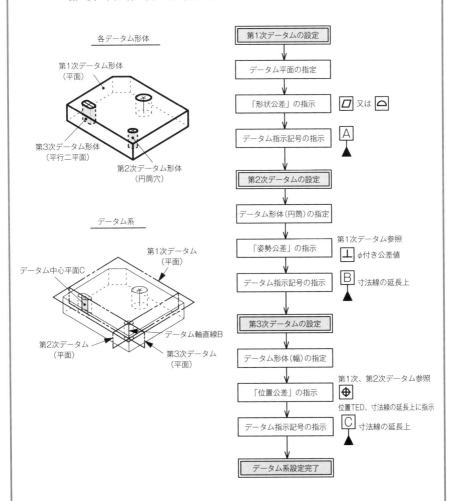

各データム形体

第1次データム形体
（平面）

第3次データム形体
（平行二平面）

第2次データム形体
（円筒穴）

データム系

第1次データム
（平面）

データム中心平面C

第2次データム
（平面）

データム軸直線B

第3次データム
（平面）

第1次データムの設定

データム平面の指定

「形状公差」の指示 □ 又は ⌓

データム指示記号の指示 Ⓐ ▲

第2次データムの設定

データム形体(円筒)の指定

「姿勢公差」の指示　第1次データム参照 ⊥ φ付き公差値

データム指示記号の指示 Ⓑ ▲　寸法線の延長上

第3次データムの設定

データム形体(幅)の指定

「位置公差」の指示　第1次、第2次データム参照 ⊕ 位置TED、寸法線の延長上に指示

データム指示記号の指示 Ⓒ ▲　寸法線の延長上

データム系設定完了

図表6　データ系設定の手順（データムターゲットの場合）

付録

第1次=面、第2次=面、第3次=面 で データムターゲット を適用

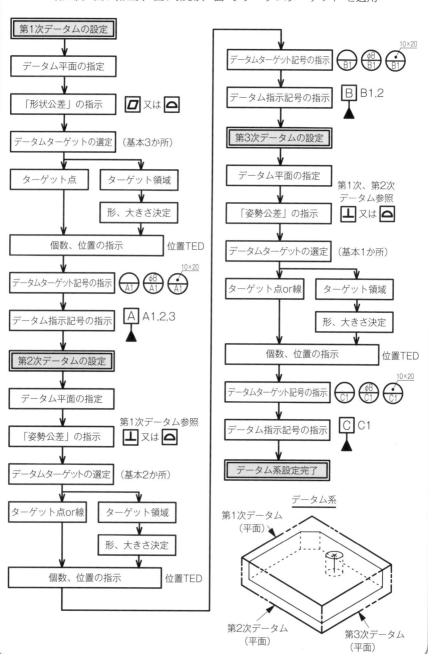

索　引

索
引

著 者 紹 介

小池 忠男（こいけ ただお）

長野県生まれ。

1973年からリコーで20年以上にわたり複写機の開発・設計に従事。その後、3D-CADによる設計生産プロセス改革の提案と推進、および社内技術標準の作成と制/改定などに携わる。また、社内技術研修の設計製図講師、TRIZ講師などを10年以上務め、2010年に退社。

ISO/JIS規格にもとづく機械設計製図、およびTRIZを活用したアイデア発想法に関する、教育とコンサルティングを行う「想図研」を設立し、代表。

現在、企業への幾何公差主体の機械図面づくりに関する技術指導、幾何公差に関するセミナー、講演等の講師活動を行っている。

著書に、

・「幾何公差　見る見るワカル演習100」

・「実用設計製図　幾何公差の使い方・表し方　第2版」

・「わかる！使える！製図入門」

・「"サイズ公差"と"幾何公差"を用いた機械図面の表し方」

・「これならわかる幾何公差」

・「はじめよう！TRIZで低コスト設計」（共著）

・「はじめよう！カンタンTRIZ」（共著）

（いずれも日刊工業新聞社刊）。

「幾何公差」〈データムとデータム系〉設定実務
—部品の"基準"の設定方法　　　　　　　　NDC531.9

2023年2月10日　初版1刷発行

（定価はカバーに表示してあります）

©　著　者　　小池　忠男
　　　発行者　　井水　治博
　　　発行所　　日刊工業新聞社
　　　　　　　　〒103-8548　東京都中央区日本橋小網町14-1
　　　電　話　　書籍編集部　03（5644）7490
　　　　　　　　販売・管理部　03（5644）7410
　　　F A X　　03（5644）7400
　　　振替口座　00190-2-186076
　　　U R L　　https://pub.nikkan.co.jp/
　　　e-mail　　info@media.nikkan.co.jp
　　　印刷・製本　美研プリンティング㈱